물고기가 인간의 병을 치료해요

물고기병원 원장님이 들려주는 생명과학 이야기

물고기가 인간의 병을 치료해요

김영호, 안도희, 최상호 지음

W미디어

감사의 글

안녕하세요!

서울 노원지역자활센터의 정서지원 프로그램인 아쿠아퐁당에 따뜻한 마음을 보내주신 모든 분들께 진심으로 감사의 말씀을 드립니다. 참여주민들의 자활사업으로 시작한 아쿠아퐁당 관상어 사업단이 의미 있는 결실을 맺고 지역 사회에 긍정적인 영향을 미칠 수 있었던 것은, 여러분의 소중한 마음과 응원 덕분입니다.

우리 사업의 상징이자 구심점이 되어준 노원구청 6층 로비 대형 수족관 설치에 아낌없는 지원을 해주신 구청장님께 깊이 감사드립니다. 이 수족관은 단순히 관상어를 전시하는 공간을 넘어, 구청 방문객들에게 지친 일상 속에서 편안함과 힐링을 선물하는 소중한 쉼터가 되고 있습니다.

물고기 수족관을 들고 지역 행사에 참가하면, 물고기가 헤엄치는 모습에 아이들이 눈을 반짝이며 우르르 몰려왔고 부모

님을 졸라서 수족관을 사 가는 모습을 보면서 관상어가 아이들의 생활에 즐거움과 행복감을 주는 존재라는 것을 확신하게 되었습니다.

아이들의 호기심에 주목하고 교육의 기회로 확장하여 협력해 주신 어린이집 원장님들과 복지시설 관계자분들께도 특별히 감사드립니다. 아쿠아퐁당의 취지에 공감하고 적극적으로 참여해 주신 데 힘입어 저희는 다양한 활동으로 찾아뵙기 위해 애쓰고 있습니다. 관상어가 아이들과 어르신들께 따뜻한 반려의 존재가 될 수 있음을 알리기 위해 더 많은 자료를 준비하겠습니다.

이 모든 계획을 현실로 만들고 현장에서 땀 흘려 노력하고 있는 물고기병원 원장님을 비롯하여 아쿠아퐁당 담당 팀장님과 참여주민들께 감사의 마음을 전합니다. 멋진 수족관의 설치와 물고기들이 건강하게 지낼 수 있도록 주기적으로 세심하게 관리하는 일은 쉽지 않은 일입니다. 늘 한결같은 열정과 책임감으로 아쿠아퐁당을 이끌어주시는 덕분에, 모든 프로그램이 순조롭게 진행되고 지속적인 성장을 이루고 있습니다.

더 많은 어린이들과 지역주민들이 아름다운 반려어와 함께 더욱 행복하고 건강한 삶을 살아가기를 간절히 소망합니다. 앞으로도 아쿠아퐁당 사업이 지역 사회의 소외되고 도움이 필요한 곳곳에 널리 퍼져나갈 수 있도록 최선을 다하겠습니다.

감사합니다.

서울노원지역자활센터장 김영호

시작하는 글

친구들, 안녕!

나는 물고기병원 원장님이란다. 물고기병원? 처음 들어봤다고?

물고기병원은 예쁜 반려어가 아플 때 찾아가는 곳이야. 물고기들만을 위해 특별히 만들어진 병원이란다. 물고기가 아프면 물이 깨끗한지 꼼꼼하게 검사하고, 혹시 몸속에 나쁜 벌레는 없는지, 다른 이상은 없는지 자세히 살펴서 무엇 때문에 아픈지 알아내려고 애쓰고 있단다. 만약 병이 아주 심하면 사람처럼 수술도 하고, 안전하게 지내면서 나을 수 있도록 입원도 시켜주는 곳이지.

너희들은 물고기 좋아하니?

원장님은 어릴 때부터 물고기를 정말 좋아했어. 그래서 20년 넘게 물고기를 키우고 돌보면서 물고기병원 원장이 되기 위해 열심히 공부했단다. 그런데 이 작은 물고기들이 우리에게 정말 커다란 선물을 준다는 것을 알고 있니? 단순히 예쁜 것을 넘어서, 이렇게 수족관 속 물고기들을 그냥 바라보는 것만으로도 우리 몸속에서는 정말 마법 같은 일들이 생긴단다.

물고기들이 헤엄치는 모습을 가만히 보고 있으면 우리 뇌가 똑똑해지는 마법을 부려. 딴생각이 싹 사라지고, 우리 머릿속에 알파파라는 똑똑한 파동이 많이 나와서 공부할 때 집중력이 쑥쑥 좋아진단다.

또, 물고기를 보고 있으면 우리 마음속에 행복 메신저 세로토닌이랑 즐거움 메신저 도파민이 막 뿜어져 나와서 불안했던 마음이 눈 녹듯 사라지고, 기분 좋은 평화로운 마음이 된다고 해.

무섭게 찾아오는 걱정 괴물 코티솔이라는 호르몬이 도망

가서 우리 몸을 튼튼하게 지켜주는 면역력도 강해지지. 심장이 두근두근할 때도 물고기를 보면 신기하게도 심장이 편안해지고, 몸의 긴장도 스르르 풀어진다고 해.

혹시 병원이나 치과에 가는 걸 무서워하는 친구들이 있지? 그럴 때 수족관을 바라보면 불안한 마음이 사라져서 치료도 잘 받고 회복도 더 빨리 된단다. 할머니, 할아버지들이 계신 요양원에서는 외로운 마음을 달래주고, 치매 때문에 힘든 어르신의 마음을 편안하게 해주고 식사도 더 잘 드시게 한대. 그리고 집중하기 어려운 친구들에게는 물고기들의 헤엄치는 모습이 멋진 집중력 선생님이 되어주기도 해.

그런데 원장님이 물고기를 치료하면서 알게 된 놀라운 사실이 있단다.

너희들은 작고 예쁜 물고기들이 사람의 병을 고치는 것을 돕는다는 이야기를 들으면 어떤 생각이 들지? 아마도 처음 듣는 친구들도 많을 거야.

제브라피시라는 물고기는 어릴 때 몸이 투명해서 몸 안에서 심장이 뛰는 모습까지 다 보이는가 하면, 인간과 유전자가 70%가 유사하기 때문에 과학자들은 이런 물고기들의 도움을 받아, 사람을 아프게 하는 병의 비밀을 풀고, 또 병을 고치기 위한 좋은 약을 만들고 있단다.

이 책은 바로 그런 물고기들의 신기하고 고마운 이야기를 담고 있단다. 물고기들이 어떻게 인간의 병을 치료하는 것을 돕는지는 물론, 물고기 덕분에 나온 세상에 단 하나뿐인 약 이야기까지 원장님이 아는 물고기들의 신기한 이야기들을 들려줄게.

이 책을 읽고 물고기의 독특한 세계를 접하면서, 잠깐 스마트폰에서 벗어나 더 넓고 흥미로운 과학의 세계로 신나는 여행을 떠날 수 있기를 바란다.

그럼 이제 물고기 덕분에 인간의 병을 치료하는 신기한 세계로 떠나볼까?

차례

왜 과학자들은 물고기를 실험 대상으로 선택할까?

제브라피시가 질병의 비밀을 알려준대요

물고기 덕분에 새로운 치료제가 나왔어요

물고기가 여는 미래 의학

부록_신기한 물고기 이야기

왜 과학자들은 물고기를 실험 대상으로 선택할까?

- 물고기도 우리처럼 유전자라는 것을 가지고 있어요
- 우리 몸을 아프게 하는 병과 관련된 유전자가 물고기에게도 있대요
- 물고기는 알을 낳고 금방금방 자라요

물고기도 우리처럼 유전자라는 것을 가지고 있어요

이제부터 물고기병원 원장님이 아는 정말 신기한 물고기 이야기들을 너희들에게 들려주려고 해.

모두가 이미 알고 있을 테지만, 세상에는 자신을 똑같이 빼닮은 사람이 한 명도 없단다. 키는 얼마나 큰지, 눈동자 색깔은 어떤지, 곱슬머리인지 생머리인지, 목소리는 또 어떻고, 좋아하는 것은 무엇인지가 사람마다 다 달라. 쌍둥이도 완전히 똑같지는 않단다.

왜 이렇게 모두가 다를까? 그리고 왜 사람은 사람이고, 강아지는 강아지이고, 물고기는 물고기일까? 그 비밀은 태어날 때부터 이미 정해진 무언가가 있기 때문이야. 그게 뭘까? 과학자들은 이것을 '유전자'라고 불러. 유전자? 어려운 말 같지만 괜찮아, 이제 원장님이 아주 쉽게 설명해 줄게.

유전자는 우리 몸속에 있는 아주 작은 설계도 같은 거야. 또는 설명서라고 생각해도 좋아. 우리가 태어날 때부터 엄마 아빠한테서 물려받는 아주 특별한 설명서이지. 이 설명서에는 '너는 눈 색깔이 갈색일 거야', '키는 나중에 이만큼 자랄 수 있어', '머리카락은 이렇게 생길 거야'와 같은 비밀 정보들이 가득 들어 있단다. 이 유전자 설명서 덕분에 우리는 우리가 되는 거야. 사람은 사람으로, 강아지는 강아지로 태어나는 거지. 따라서 유전자는 바로 '나'를 만드는 비밀 약속이라고 할 수 있어.

그런데 사람만 유전자를 가지고 있는 게 아니라는 거야! 우리 친구들이 집에서 키우는 강아지도 유전자가 있고, 길에서 만나는 고양이도 유전자가 있어. 하늘을 나는 새도, 땅을 기어가는 벌레도, 길가에 피어 있는 작은 풀 한 포기에도 모두 유전자라는 것을 가지고 있어.

그렇다면 당연히 물고기들도 유전자라는 것을 가지고 있겠지! 어항 속 작은 구피에게도 유전자가 있고, 물고기병원에서 만나는 아픈 물고기들도 모두 유전자를 갖고 있어. '너는 비늘이 반짝이는 물고기가 될 거야', '물속에서 헤엄치게 될 거야', '아가미로 숨을 쉴 거야'와 같은 물고기가 되기 위한 모든 정보가 들어 있단다.

이게 왜 그렇게 신기하고 중요할까?

물고기병원 원장님이 공부하면서 알게 된 건데, 놀랍게도 물고기의 유전자 설명서와 사람의 유전자 설명서가 아주 비슷한 부분이 많다는 거야! 이 말은 서로 생김새는 달라도, 몸을 만들고 움직이는 기본적인 방법은 물고기와 사람이 비슷한 점이 많다는 거지.

마치 한국어로 쓰인 설명서랑 영어로 쓰인 설명서처럼, 글자는 달라도 설명하는 내용은 같을 때가 있잖아. 물고기와 사람의 유전자도 그런 부분이 있대.

특히 우리 몸이 아파 병이 생길 때와 관련된 유전자들이 물고기에게도 똑같이 있대.

과학자들은 이 사실을 알고 깜짝 놀랐지. "어? 사람한테서 병을 일으키는 유전자가 물고기한테도 있네?" 하고 말이야.

그래서 과학자들은 생각했지. '물고기의 유전자를 연구하

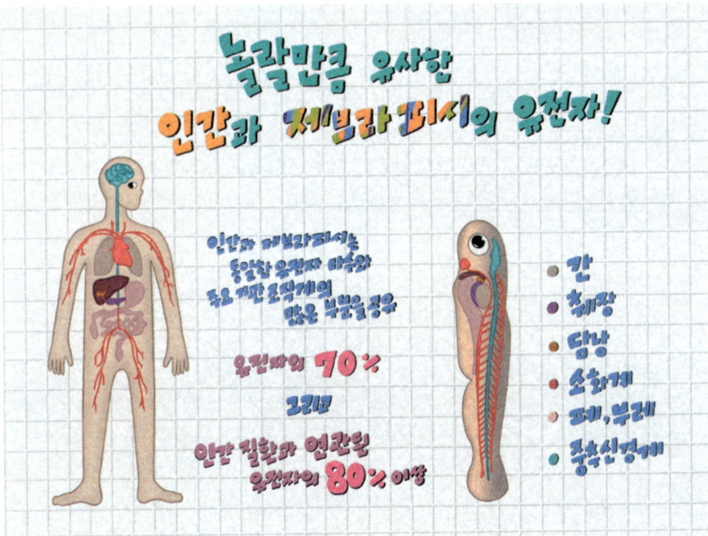

인간과 제브라피시의 유전자

유전자는 우리 몸속에 있는 아주 작은 설계도 같은 거야. 그런데 물고기 유전자와 사람의 유전자는 비슷한 부분이 많아서 과학자들이 물고기를 의학 실험에 사용하고 있단다. 물고기의 유전자를 들여다보면서 우리 몸의 비밀을 풀어내고 있지.

면 사람의 병을 이해할 수 있지 않을까? 물고기 유전자를 고쳐서 병을 낫게 하면, 사람의 병도 고칠 방법을 찾을 수 있지 않을까?' 하고 말이야.

물고기들이 우리처럼 유전자를 가지고 있다는 사실, 그리고 그 유전자가 우리와 비슷한 부분이 많다는 사실, 이게 바로 과학자들이 물고기를 의학 실험에 사용하게 된 아주 중요한 이유란다. 물고기의 작은 몸속 유전자 설명서를 들여다보면서, 우리 몸의 비밀을 풀어내기 시작한 거지.

정말 놀랍지 않니? 아주 작은 유전자라는 것이 물고기와 사람을 연결해 주고, 병을 고칠 희망을 주다니 말이야. 물고기들이 이렇게 중요한 유전자를 가지고 우리를 돕고 있다는 것에 감사해야 할 것 같아.

다음은 우리 몸을 아프게 하는 병과 관련된 유전자가 물고기에게도 있다는 이야기를 들려줄게. 물고기들이 어떻게 과학자들의 연구를 돕는지 같이 알아보자.

우리 몸을 아프게 하는 병과 관련된 유전자가 물고기에게도 있대요

이제 물고기병원 원장님이 정말 신기한 비밀 하나를 알려 줄게. 앞에서 물고기도 사람처럼 유전자라는 설명서를 가지고 있다고 하면서, 그 설명서 때문에 물고기는 물고기로 사람은 사람으로 태어나는 거라고 이야기했지.

과학자들이 물고기들의 유전자 설명서를 자세히 들여다보면서 깜짝 놀랐대. 왜냐하면, 우리 몸을 아프게 하는 병과 관련된 유전자들이 물고기의 유전자 설명서에도 똑같이 적혀 있는 부분이 많았거든!

이게 무슨 말이냐면, 우리 몸이 아픈 것은 몸속 유전자 설명서의 어떤 부분이 잘못되었거나, 제대로 작동하지 않을 때 그렇게 나타나거든. 예를 들어, 암이라는 무서운 병은 우리 몸의 세포들이 마음대로 막 자라는 병인데, 이런 일이 일어나는 이유 중 하나가 세포 성장을 조절하는 유전자 설명서가 망가졌기 때문이야.

그런데 과학자들이 물고기, 특히 제브라피시라는 물고기의 유전자 설명서를 보니 사람에게 암을 일으키는 바로 그 유전자와 매우 비슷한 유전자가 있는 거야! 마치 다른 나라 말로 쓰여 있지만 내용은 똑같은 설명서처럼 말이지.

이 사실이 왜 그렇게 중요할까?

한번 생각해봐. 만약 사람에게 병을 일으키는 유전자가 물고기에게도 똑같이 있다면, 우리는 물고기에게서 그 병이 어떻게 시작되고 진행되는지 더 쉽게 관찰하고 연구할 수 있겠지. 왜냐하면 물고기는 사람보다 몸집이 작고, 기르는 데도 훨씬 편하거든. 그리고 어떤 물고기(특히 제브라피시의 아기 물고기)들은 몸이 투명해서 몸 안에서 병이 자라는 모습을 눈으로 직접 볼 수도 있단다.

예를 들어, 사람에게 '피부암'이라고 불리는 '흑색종'이라는 암이 있어. 이 병에 걸린 사람들의 유전자 설명서를 보면

'BRAF'라는 유전자에 문제가 생긴 경우가 많대. 그런데 과학자들이 제브라피시에게 이 'BRAF' 유전자를 똑같이 만들어서 넣어 줬더니, 놀랍게도 제브라피시 몸에서도 사람처럼 흑색종이 생긴 거야!

이것은 아주 중요한 발견이었어. 이제 과학자들은 사람에게 생긴 흑색종을 연구하기 위해 물고기인 제브라피시를 활용할 수 있게 된 거지. 제브라피시에게 흑색종을 똑같이 만들어 놓고, 이 병을 고치는 새로운 약이 있는지 시험해 보는 거야. 약을 조금씩 넣어 주고 물고기 몸속 암세포가 줄어드는지, 암세포가 자라지 못하게 막는지를 살펴보는 거지. 사람에게 직접 실험하기는 어렵지만, 물고기들은 우리를 대신해서 이런 중요한 실험을 도와주는 거야. 물고기들이 없었다면 연구는 훨씬 더 어렵고, 시간도 오래 걸렸을 거야.

이것뿐만이 아니야. 우리 몸의 피를 만드는 중요한 세포인 '조혈모세포'가 부족해서 생기는 병이 있대. 그런데 물고기에게도 조혈모세포를 만드는 유전자가 있는데 사람과 비슷하다고 해.

과학자들은 제브라피시에게서 이 조혈모세포를 늘리는 방법을 연구했는데, '프로스타글란딘 E_2'라는 물질을 사용하면 조혈모세포 수를 4배나 늘릴 수 있다는 것을 알아냈어. 이 발견

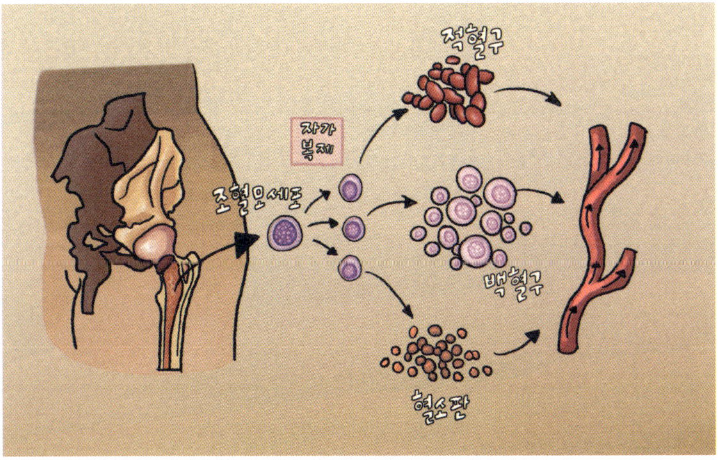

조혈모세포

우리 몸에 조혈모세포가 부족해서 생기는 병이 있대. 과학자들이 제브라피시에게 '프로스타글란딘 E_2'라는 물질을 사용해 조혈모세포 수를 4배나 늘리는 방법을 알아낸 덕분에 피가 부족한 사람들을 치료하는 새로운 방법이 생겨났단다.

덕분에 피가 부족한 사람들을 치료하는 새로운 방법이 생겨났단다.

그리고 아기들에게 생기는 '뇌전증'이라는 병이 있는데, 이 병도 특정 유전자에 문제가 생겨서 일어난다고 해. 과학자들은 그런 특정 유전자에 문제가 있는 물고기를 만들어서 병을 연구하고 있고, 마침내는 이 병을 고칠 약을 찾아냈다고 해. 그 약은 원래 감기약에 들어가는 '클레미졸'이라는 약인데, 정말 우연한 발견이었지! 이 약이 아기 뇌전증 치료에 도움이 될 수 있을지를 지금도 활발히 연구하고 있대.

봐봐, 우리 몸을 아프게 하는 유전자가 물고기에게도 있다는 이 놀라운 사실 덕분에, 과학자들은 병의 비밀을 더 쉽게 풀고, 새로운 치료법이나 약을 만들 수 있게 된 거야.

물고기들이 자신의 몸과 유전자로 사람을 이렇게 돕고 있다는 사실이 정말 대단하지 않니? 물고기들의 도움에 다시 한번 감사하는 마음을 가져야 할 것 같아.

다음 이야기에서는 제브라피시가 구체적으로 어떤 질병 연구를 돕는지 원장님이 자세히 알려줄게.

물고기는 알을 낳고 금방금방 자라요

물고기병원 원장님이 과학 연구에 물고기들이 왜 중요한지, 세 번째 비밀을 알려줄게.

앞에서 물고기들도 사람처럼 유전자 설명서를 가지고 있고, 우리 몸을 아프게 하는 병과 관련된 유전자가 물고기들에게 있다는 이야기를 했지? 그래서 물고기를 보면서 사람 병의 비밀을 풀 수 있다고 말이야.

그런데 물고기에게는 또 하나의 특별한 점이 있단다. 바로 알을 아주 많이 낳고, 그 알에서 깨어난 아기 물고기들이 아주 빨리 자란다는 거야!

생각해봐. 사람은 아기가 태어나서 어른이 되려면 오랜 시간이 걸리지? 너희들도 지금 키가 쑥쑥 자라고 있지만, 어른이 되려면 아직 한참 멀었잖아. 그리고 한 번에 여러 명의 아기가 태어나는 일도 흔하지 않아. 보통 한 명씩 태어나지.

그런데 물고기들은 달라. 특히 과학자들이 연구에 많이 사용하는 물고기인 제브라피시는 한 번에 수십 개에서 수백 개의 알을 낳는단다. 그리고 그 알에서 깨어난 아기 물고기들은 믿을 수 없을 만큼 빨리 자라. 몇 달 지나지 않아서 어른 물고기가 된대!

이게 과학 연구에 왜 중요할까?

과학자들은 병을 연구하고 치료법을 찾기 위해 아주 많은 실험을 해야 해. 새로운 약이 효과가 있는지 없는지, 유전자에 문제가 생기면 몸에 어떤 변화가 일어나는지 등을 연구하느라 실험실의 불은 꺼지는 날이 없단다.

무엇보다 이런 실험을 하려면 연구 대상이 필요하겠지? 그리고 변화를 관찰하려면 시간이 오래 걸리지 않아야 할 테고 말이야. 만약 연구 대상이 사람처럼 태어나서 자라는 데 시간이 오래 걸리면 어떨까?

연구하는 데 그만큼 오랜 시간이 걸릴 거야. 한 가지 결과를 얻기 위해 몇 년, 아니 몇십 년이 걸릴 수도 있어. 그만큼 비용도 많이 들겠지.

하지만 물고기들은 달라. 알을 한 번에 수백 개씩 낳으니, 과학자들은 그것을 가지고 여러 실험을 시작할 수 있어. 수십 개의 알에 새로운 약을 조금씩 넣어 보고 어떤 변화가 일어나는지를 동시에 관찰할 수 있지.

그리고 아기 물고기들은 엄청 빨리 자라니까, 태어나서 어른이 되기까지 몸에 어떤 변화가 일어나는지를 짧은 시간에 관찰할 수 있어. 유전자에 문제가 생기면 아기 때부터 어떤 변화가 나타나고, 자라면서 병이 어떻게 진행되는지를 빠르게 알 수 있지.

예를 들어, 사람에게 유전적인 문제가 생기면 아주 어릴 때부터 몸에 이상이 나타나는 병들이 있단다. 그런데 물고기는 아기 때부터 몸이 투명해서 몸 안의 변화를 직접 볼 수 있고, 빨리 자라니까 병이 진행되는 과정을 짧은 시간 안에 다 볼 수 있겠지. 과학자들은 물고기를 보면서 '아, 이 유전자에 문제가 생기면 몸에 이런 변화가 나타나는구나. 이 변화를 막으려면 이런 약이 필요하겠구나' 하고 알게 되는 거지.

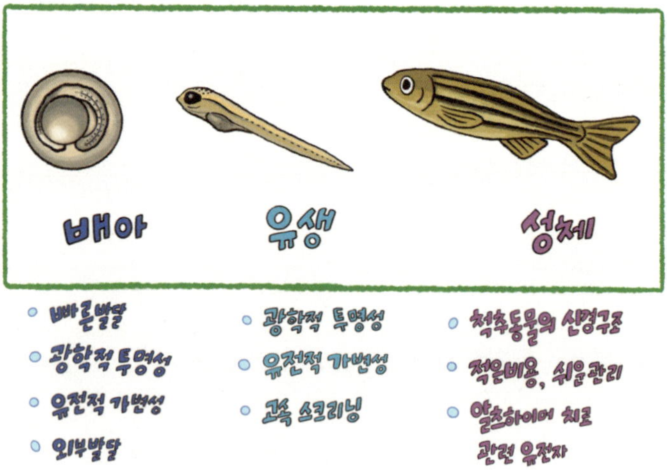

제브라피시를 모델로 사용하는 장점

물고기들은 알을 많이 낳고 그것들이 빨리 자라기 때문에, 과학자들은 병 연구를 훨씬 빠르고 효율적으로 할 수 있게 되었단다. 물고기가 없었다면, 우리가 지금 알고 있는 병에 대한 지식이나 개발된 약들이 훨씬 적었을지도 몰라.

수천 개의 새로운 약이 나왔을 때, 어떤 약이 병을 고치는데 효과가 있을지, 어떤 약이 부작용이 없는지 시험해 봐야 하잖아? 사람에게 바로 시험할 수는 없으니, 물고기 같은 실험 대상에게 먼저 시험해 보는 거야.

물고기는 알을 많이 낳고 그것들이 빨리 자라니까, 수많은 종류의 약을 아주 빠르게 시험해 볼 수 있어. 어떤 약이 효과가 있는지, 어떤 약이 위험한지를 빠르게 골라낼 수 있지. 마치 수많은 열쇠 중에서 자물쇠에 맞는 열쇠를 빨리 찾아내는 것처럼 말이야.

물고기들이 이렇게 알을 많이 낳고 그것들이 빨리 자라는 특별한 능력을 가지고 있기 때문에, 과학자들은 병 연구를 훨씬 빠르고 효율적으로 할 수 있게 되었어. 물고기가 없었다면, 우리가 지금 알고 있는 병에 대한 지식이나 개발된 약들이 훨씬 적었을지도 몰라. 물고기들의 이 놀라운 능력 덕분에 인류는 병 치료에 한 걸음 더 다가갈 수 있었단다. 물고기들에게 정말 고마워해야 할 일이지.

이렇게 물고기들은 우리처럼 유전자를 가지고 있고, 병과 관련된 유전자도 우리와 비슷하고, 알을 많이 낳고 그것들이 빨리 자라기 때문에 과학자들이 병 연구에 아주 중요한 실험 대상으로 선택하는 거야.

다음에는 제브라피시가 구체적으로 어떤 병의 비밀을 알려 주는지 더 자세히 이야기해 줄게. 피를 만드는 이야기, 심장이 다시 뛰는 이야기, 당뇨병이나 암 연구 이야기까지 모두가 물고기 덕분에 알게 된 신기한 비밀들이란다.

제브라피시가 질병의 비밀을 알려준대요

- 피를 만드는 작은 공장 이야기
- 심장이 다쳐도 다시 뛰는 기적
- 당뇨병의 새로운 치료법은 물고기에게서?
- 암세포가 어떻게 자라는지 제브라피시가 보여줘요

피를 만드는 작은 공장 이야기

얘들아, 물고기병원 원장님이 제브라피시라는 정말 특별한 물고기에 대해 더 신기한 이야기를 해 줄게.

제브라피시는 몸에 검은색 줄무늬가 있어서 꼭 작은 얼룩말처럼 생겼지. 이 귀여운 친구가 과학자들이 병을 연구하는데 있어 어떠한 도움을 주는지에 대해 알려줄게. 그 첫 번째 이야기는 우리 몸에서 정말 중요한 '피'와 관련이 있단다.

우리 몸에는 빨간색 피가 쉬지 않고 흐르고 있다는 것을 알고 있지? 이 피는 우리 몸 구석구석을 부지런히 돌아다니면서 우리가 살아가는데 필요한 여러 가지 중요한 일을 해. 우리가 숨 쉬는 공기 속 '산소'를 온몸에 실어 날라다 주고, 밥이나 간식을 먹고 얻은 '영양분'도 배달해 주지.

그리고 우리 몸에 나쁜 병균이 들어오면 용감하게 싸워서 물리치는 군인 역할도 하고, 우리가 넘어지거나 다쳐서 피가 날 때에는 흐르는 피가 멈추도록 도와주는 멋진 일꾼 역할도 한단다. 만약 우리 몸에 피가 부족하거나 피가 제대로 일을 하지 못하면, 우리 몸은 힘이 없고 아프게 돼.

이렇게 중요한 피는 우리 몸의 아주 특별한 곳에서 만들어져. 우리 뼛속에 있는 '골수'라는 곳인데, 이곳은 마치 피를 만드는 커다란 공장 같아. 이 공장 안에는 여러 종류의 피 세포들을 만드는 아주 중요한 우두머리 세포가 있단다.

과학자들은 이 대장 세포를 '조혈모세포'라고 불러. 이 조혈모세포 대장님이 명령을 내리면 빨간색 피 세포 일꾼들, 하얀색 피 세포 군인들, 그리고 피딱지를 만드는 세포 일꾼들이 만들어져서 몸 전체로 퍼져나가는 거지.

이 피 만드는 공장이 고장 나거나, 조혈모세포 대장님이 부족해지면 우리 몸은 피를 제대로 만들 수 없게 되고, 백혈병 같은 무서운 병에 걸리거나 다쳤을 때 흐르는 피가 멈추지 않아 위험해질 수도 있단다.

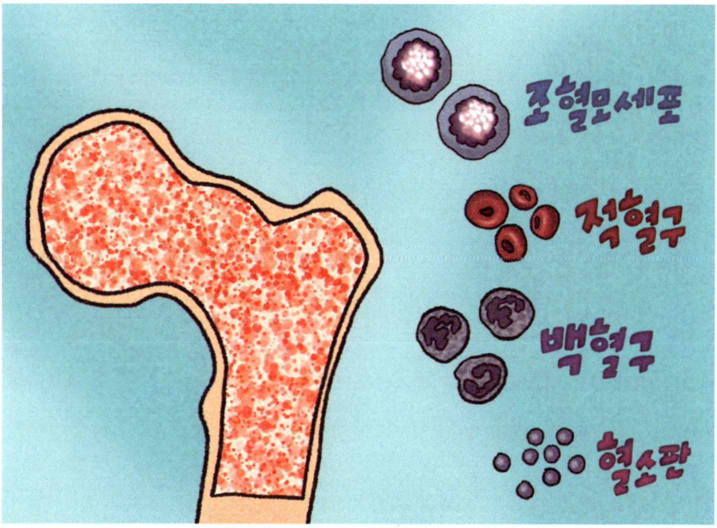

조혈모세포

우리 몸에 필요한 산소와 영양분을 공급하고, 병균이 들어오면 싸워 물리치는 피가 부족하면 힘이 없고 아프게 돼. 이처럼 중요한 피는 뼛속에 있는 '골수'에서 만들어지는데 피 세포들을 만드는 우두머리 세포를 '조혈모세포'라고 불러.

과학자들은 오랫동안 이 신비로운 피 만드는 공장이 어떻게 돌아가는지, 조혈모세포 대장님은 어떻게 태어나서 일꾼들을 만드는지 매우 궁금했어. 이 비밀을 알면 피 때문에 아픈 사람들을 도울 수 있을 거라고 생각했지.

하지만 사람의 뼛속에 숨겨져 있는 골수 공장을 눈으로 직접 보면서 연구하기는 정말 어렵고 위험했어. 뼈를 부술 수도 없고 말이야. 바로 그때 과학자들의 눈에 딱 들어온 친구가 누구게? 바로 제브라피시야!

제브라피시는 태어난 지 얼마 안 된 아기 때는 몸이 정말 신기할 만큼 투명하다고 했지?

과학자들은 이 투명한 몸을 통해 제브라피시의 몸 안에서 피가 만들어지는 과정을 눈으로 직접 볼 수 있다는 것을 알게 되었어. 마치 제브라피시 몸속에 작은 유리창을 달아 놓거나, 아주 작은 카메라를 넣어 놓은 것처럼 말이야.

과학자들은 아기 제브라피시의 투명한 몸 안을 현미경으로 자세히 들여다보면서 피 만드는 공장이 어디 있는지, 조혈모세포 대장님이 어디서 처음 생겨나서 몸속을 돌아다니는지, 그리고 혈관이라는 피가 다니는 기찻길이 어떻게 만들어지고 그 위로 피 세포 일꾼들이 어떻게 신나게 달려가는지를 생생하게

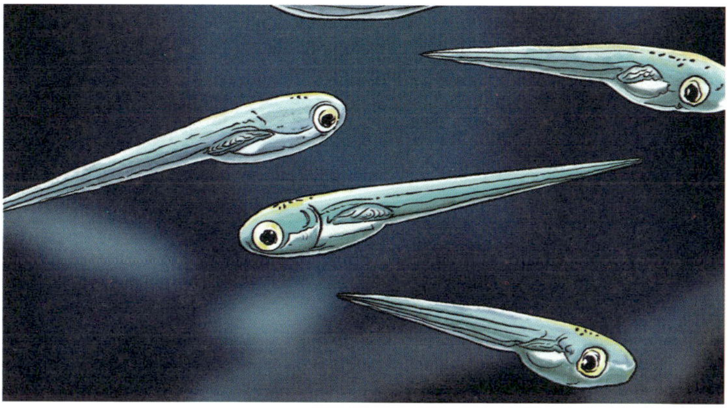

몸이 투명한 아기 제브라피시

과학자들은 제브라피시의 투명한 몸 안에서 피가 만들어지는 시작부터 온몸으로 퍼져나가는 모든 과정을 눈으로 볼 수 있었지. 제브라피시 덕분에 우리 몸속 피가 어떻게 만들어지고 돌아다니는지 아주 중요한 지식을 얻을 수 있게 되었단다.

관찰할 수 있었단다. 피가 만들어지는 시작부터 온몸으로 퍼져 나가는 모든 과정을 눈으로 직접 보니 얼마나 신기하고 놀라웠겠니?

과학자들은 여기서 멈추지 않고, 더 특별한 제브라피시를 만들었지. 어떤 제브라피시는 피 세포에만 반짝이는 초록색이나 빨간색 불이 켜지도록 유전자 설명서를 살짝 바꾸었단다. 그러면 투명한 몸속에서 피 세포들이 마치 반딧불이처럼 반짝이며 움직이는 모습을 관찰할 수 있단다. 피 만드는 공장에서 새로 만들어진 피 세포들이 혈관 기찻길을 따라 온몸 구석구석으로 가는 모든 과정을 눈으로 따라가면서 기록할 수 있었지. 이것은 피 연구에 정말 혁신적인 방법이었어. 이전에는 상상도 할 수 없었던 일이었거든.

그리고 한 가지 놀라운 사실은, 제브라피시의 피 만드는 과정과 조혈모세포 대장님이 만들어지고 일하는 방식이 사람과 아주 많이 비슷하다는 것을 알게 되었지. 마치 다른 나라 공장이지만, 공장 안에 있는 기계들이나 물건 만드는 순서는 똑같은 것처럼 말이야. 이렇게 제브라피시의 투명한 몸이 보여준 생명의 비밀 덕분에 과학자들은 우리 몸속 피가 어떻게 만들어지고 돌아다니는지 아주 중요한 지식을 얻을 수 있게 되었단다.

이게 왜 그렇게 큰 의미를 가질까? 만약 사람의 피 만드는 공장이 고장 나서 조혈모세포 대장님이 부족해지면, 건강한 조혈모세포를 아픈 사람에게 넣어 주는 '이식'이라는 치료를 해야 해. 그런데 이 조혈모세포를 아픈 사람에게 바로 사용할 만큼 충분히 많이 얻거나, 혹은 실험실에서 충분히 많이 만드는 것은 매우 어려운 일이었단다. 특히 아기 탯줄에 있는 피(제대혈) 속에도 조혈모세포가 있지만 그 양이 많지 않아서 아픈 아기들을 치료하기에 부족할 때가 많았어.

그런데 과학자들은 수많은 종류의 물질들을 투명한 아기 제브라피시에게 조금씩 넣어 보면서 어떤 물질이 조혈모세포 대장님을 많이 만들게 하는지 실험했지. 제브라피시의 도움을 받아 이 어려운 문제를 해결할 중요한 단서를 찾을 수 있었단다.

투명한 아기 제브라피시 몸속에서 조혈모세포 수가 늘어나는 것을 눈으로 직접 볼 수 있었거든. 그 결과 '프로스타글란딘 E_2 PGE$_2$'라는 마법 같은 물질을 사용하면 제브라피시의 조혈모세포 수를 무려 4배나 늘릴 수 있다는 것을 발견했어!

제브라피시에게 효과가 있었던 이 놀라운 물질이 사람에

게도 효과가 있을까? 과학자들은 조심스럽게 이것을 사람의 조혈모세포에도 시험해 봤는데, 정말 기적처럼 사람의 조혈모세포 수도 늘릴 수 있다는 것을 확인했단다.

이 발견 덕분에 피 만드는 공장이 아픈 사람들을 위한 새로운 치료법이 생겨났어. 조혈모세포가 부족한 아픈 사람들에게 프로스타글란딘 E_2[PGE_2]라는 물질을 사용해서 조혈모세포 수를 늘려주거나, 제대혈에 있는 적은 양의 조혈모세포를 프로스타글란딘 E_2[PGE_2]로 실험실에서 충분히 늘린 다음 아픈 사람에게 이식해주는 치료법이 개발된 거지. 지금은 큰 병원에서 아픈 사람들에게 희망을 주고 있단다.

봐봐, 아기 제브라피시의 투명한 몸이 보여준 피 만드는 과정의 비밀 그리고 그들의 사람과 비슷한 피 만드는 공장 덕분에, 과학자들은 우리 몸속 피가 어떻게 만들어지는지 생생하게 보고, 조혈모세포 대장님 수를 늘리는 아주 중요한 방법까지 알아낼 수 있었어.

제브라피시가 자신의 작은 몸으로 사람을 이렇게나 크게 도왔다는 사실이 정말 대단하고 고맙지 않니? 제브라피시 덕분에 아픈 많은 사람이 희망을 얻게 된 거야. 우리는 그들에게 다시 한번 감사하는 마음을 가져야 해.

다음 이야기에서는 제브라피시의 또 다른 놀라운 능력, 즉 심장이 다쳐도 다시 뛰게 만드는 기적에 대해 알려 줄게. 이것도 정말 신기한 이야기란다. 기대해도 좋아!

심장이 다쳐도 다시 뛰는 기적

얘들아, 물고기병원 원장님이 제브라피시라는 정말 놀라운 물고기의 또 다른 비밀을 알려 줄게. 이 이야기는 정말 마법 같고 기적 같은 이야기란다. 잘 들어 봐.

우리 몸에서 가장 중요한 곳 중 하나가 바로 심장이야. 우리 가슴 왼쪽쯤에서 '쿵쾅쿵쾅, 쿵쾅쿵쾅' 쉬지 않고 뛰고 있지? 심장은 마치 우리 몸의 강력한 펌프와 같아. 온몸 구석구석으로 빨간 피를 힘차게 보내주는 일을 하지.

피가 우리 몸 곳곳을 잘 돌아다녀야 우리가 숨도 쉬고, 움직이고, 생각하고, 살아갈 수 있어. 피 만드는 공장(골수)에서 피 일꾼들이 열심히 만들어지면, 심장이라는 펌프가 그 일꾼들을 머리끝에서 발끝까지 보낸단다. 마치 전국 방방곡곡으로 우편물을 전하는 집배원 아저씨처럼 일을 하는 거야.

원장님이 물고기병원에서 아픈 물고기들을 치료할 때도 심장이 건강하게 잘 뛰고 있는지를 제일 먼저 확인한단다. 심장이 멈추면 모든 생명이 위험해지니까. 심장은 모든 생명에게 정말정말 중요한 곳이지.

그런데 말이야, 만약 우리 심장이 크게 다치면 어떻게 될까? 너무 무서운 이야기일 수 있지만, 때로는 우리 심장 근육이 망가져서 딱딱하게 굳어 버리는 병에 걸리기도 해.

어른들이 '심장마비' 같은 무서운 병에 걸리면 심장 근육의 일부가 죽어 버리기도 한대. 문제는 한번 망가져서 딱딱하게 굳어 버린 사람의 심장 근육은 스스로 다시 살아나기가 정말 어렵다는 거야. 우리가 장난감을 가지고 놀다가 잘못해서 망가졌을 때 대충 붙여 놓으면 다시 가지고 놀기 어려운 것처럼 말이야.

우리 몸의 다른 곳, 예를 들어 손가락에 상처가 나면 새살이 돋아나고 깨끗하게 아물잖아? 꼬리가 잘린 도마뱀의 꼬리가 다시 자라나는 것처럼 말이야.

그런데 이상하게도 사람의 심장 근육은 한번 다치면 원래의 쌩쌩한 모습으로 돌아가기가 정말 힘들대.

과학자들은 오랫동안 이 문제를 해결하려고 밤낮없이 연구했어. '어떻게 하면 사람의 심장을 다시 고칠 수 있을까? 어떻게 하면 다친 심장 근육을 되살릴 수 있을까?' 하고 말이야. 하지만 답을 찾기 어려웠지.

바로 그때 과학자들은 제브라피시의 믿을 수 없는 놀라운 능력을 발견했어. 제브라피시는 심장이 다쳐도 스스로 그 심장을 완벽하게 고치는 특별한 능력이 있다는 것을 알게 된 거야!

심장이 다쳤는데 마법처럼 스스로 다시 원래대로 돌아온다니! 세상에 이런 일이! 과학자들은 이 사실을 알고 눈이 휘둥그레졌지. 정말 기적 같은 발견이었어.

이제 과학자들은 실험실에서 조심스럽게 제브라피시 심장의 일부, 예를 들어 20% 정도 되는 심장 근육을 작게 잘라냈지. 연구를 위해 제브라피시는 아주 크게 다친 거야. 사람으로 치면 심장마비로 심장 근육이 많이 망가진 것과 비슷할 거야. 심장이 제대로 뛰지 못해서 제브라피시도 힘들어 했겠지.

그런데 놀랍게도 제브라피시 심장은 포기하지 않았어. 다친 부분에서 새로운 심장 근육 세포들이 꼬물꼬물 자라나기 시작한 거야. 마치 부서진 건물을 고치기 위해 새로운 벽돌들이 저절로 쌓아 올려지는 것처럼 말이야.

다친 곳 주변에 있던 건강한 심장 근육 세포들이 움직여서 다친 곳을 채워 나가기 시작한 거지. 세포들이 서로 신호를 주고받으면서 '자, 다시 심장을 만들자! 힘을 내자!' 하고 열심히 일한 거야.

그리고 믿을 수 없게도, 60일 정도 시간이 지나자 제브라피시 심장은 다치기 전의 모습으로 완벽하게 돌아왔다는 것을 발견했단다! 잘라냈던 심장 근육 부분이 새 심장 근육으로 가득 채워져서, 마치 아무 일도 없었던 것처럼 쿵쾅쿵쾅 힘차게 다시 뛰는 것을 본 거야.

심장의 크기도, 모양도, 뛰는 힘도 다치기 전과 똑같아진 거지. 정말 기적 중의 기적이었지.

심장이 다쳐도 스스로 다시 뛴다니! 원장님이 수많은 물고기들을 만났지만, 제브라피시의 이 능력은 정말 특별해. 사람 심장에서는 일어나기 힘든, 아니 거의 불가능하다고 알려진 일인데 말이야.

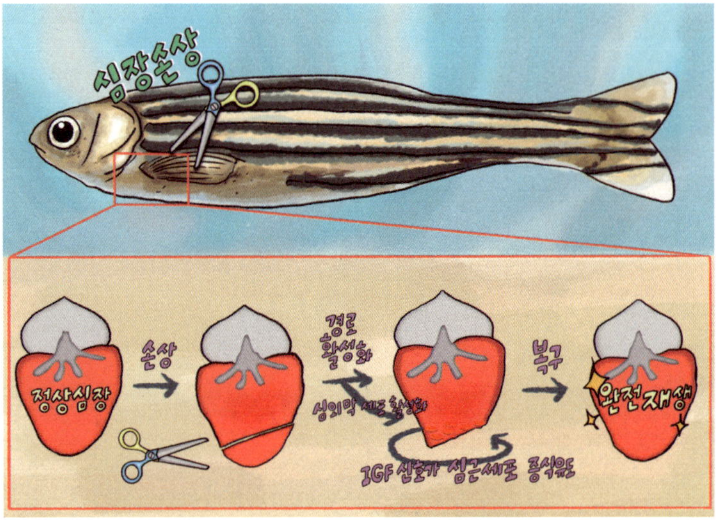

제브라피시 심장의 재생

과학자들은 제브라피시가 심장을 다쳐도 스스로 그 심장을 완벽하게 고치는 특별한 능력이 있다는 기적 같은 발견을 했어. 제브라피시의 심장 재생 비밀을 알면 사람 심장도 다시 뛰게 하는 방법을 찾을 거라 확신하며 열심히 연구하고 있단다.

제브라피시의 이 놀라운 재생 능력은 심장병으로 고생하는 많은 사람들과 그 가족들에게 아주 큰 희망이 되었어. 과학자들은 "어떻게 저 작은 물고기는 심장을 스스로 고칠 수 있지? 제브라피시의 심장 재생 비밀을 알면 사람 심장도 다시 뛰게 할 수 있는 방법을 찾을 수 있지 않을까?" 하고 생각했지.

그래서 과학자들은 제브라피시 심장이 되살아나는 과정을 아주 자세히 연구하기 시작했어. 투명한 아기 제브라피시가 심장을 다치면 어떤 세포들이 움직이는지, 어떤 유전자들이 심장을 고치는 스위치를 켜는지, 세포들이 서로 어떤 신호를 주고받는지 생생하게 관찰했지. 마치 심장 공사를 하는 작은 일꾼들과 그들이 사용하는 설계도를 들여다보는 것처럼 말이야.

이 연구를 통해 과학자들은 심장 재생에 꼭 필요한 유전자들이 무엇인지, 어떤 세포들이 중요한 역할을 하는지 등, 아주 중요한 비밀들을 하나씩 밝혀냈어.

제브라피시 심장 재생 연구는 사람의 심장병 치료에 정말 엄청난 희망을 주었단다. 과학자들은 제브라피시에게 배운 지식을 바탕으로, 어떻게 하면 사람의 심장 근육도 제브라피시처럼 스스로 재생하게 할 수 있을지 밤낮없이 연구하고 있어. 망가진 심장 부위에 새로운 심장 근육 세포를 만들어 내거나, 남아 있는 심장 세포들이 다시 자라나도록 돕는 방법을 찾고 있는 거지.

이것은 심장마비나 심부전처럼 심장 근육이 망가져서 고생하는 많은 사람에게 아주 큰 희망이 되고 있단다. 제브라피시 덕분에 언젠가는 사람의 심장도 스스로를 고쳐서 다시 쌩쌩하게 뛰는 날이 올 거라고 믿고 있단다.

아무런 외부의 도움 없이도 스스로 심장을 완벽하게 고치는 제브라피시의 능력을 볼 때마다 정말 감탄하고 경이롭다는 생각을 한단다. 사람의 손길 없이도 그렇게 완벽하게 스스로를 고치다니!

제브라피시가 가진 이 놀라운 능력이 인류의 심장병 치료에 큰 희망을 주었다는 것에 정말 깊이 감사해야 할 것 같아. 제브라피시 덕분에 우리는 심장병과 싸울 새로운 방법을 찾을 수 있게 된 거지.

제브라피시의 작은 심장이 보여준 스스로를 고치는 기적, 그리고 그 기적이 사람의 심장병 치료에 가져온 희망 이야기. 정말 대단하고 고마운 물고기들이지 않니!

다음 이야기에서는 제브라피시가 우리에게 또 어떤 질병

의 비밀을 알려 주는지 들려줄게. 제브라피시 덕분에 알게 된 신기한 비밀들이란다. 기대해도 좋아!

당뇨병의 새로운 치료법은 물고기에게서?

얘들아, 물고기병원 원장님이 제브라피시가 알려준 또 하나의 중요한 비밀을 이야기해 줄게. 바로 '당뇨병'이라는 병에 대한 이야기란다.

당뇨병이라는 말, 들어본 적 있니? 어쩌면 할머니나 할아버지 중에 이 병 때문에 고생하시는 분이 있을지도 몰라.

우리 몸은 우리가 먹는 밥이나 빵 같은 음식에서 '설탕'이라는 달콤한 에너지를 얻어 살아간단다. 이 설탕 에너지(포도당이라고 불러)는 피를 타고 온몸을 돌아다니지. 이 설탕 에너지가 우리 몸의 세포들 안으로 들어가야 세포들이 힘을 내서 움직일 수가 있단다. 마치 자동차가 움직이려면 엔진에 기름이 들어가야 하는 것처럼 말이야.

그런데 세포 안으로 설탕 에너지를 넣어 주려면 특별한 '열쇠'가 필요해. 이 열쇠는 우리 몸속 '췌장'이라는 곳에 있는 '베타세포'라는 작은 공장에서 만들어 낸단다. 이 열쇠의 이름은 바로 '인슐린'이야. 인슐린 열쇠가 있어야 설탕 에너지가 세포 안으로 들어가는 문을 열 수 있어.

만약 췌장에 있는 베타세포 공장이 고장 나거나, 인슐린 열쇠를 제대로 만들지 못하면 어떻게 될까? 설탕 에너지가 세포 안으로 들어가지 못하고 피 속에 계속 쌓이게 되겠지. 그것이 계속되면 미침내는 피가 끈적끈적해지고, 온몸을 돌아다니는 피 속에 설탕이 너무 많아져. 이것이 바로 '당뇨병'이란다.

특히 아기들이나 어린 친구들에게 생기는 '제1형 당뇨병'은 이 인슐린 열쇠 공장(베타세포)이 망가져서 인슐린을 거의 만들지 못해 생기는 병이야. 이 병에 걸리면 매일매일 주사로 인슐린 열쇠를 몸에 넣어야만 살아갈 수 있단다. 예방주사를 맞을 때를 한 번 생각해 봐. 주삿바늘이 무서워 얼굴을 찡그리고 심지어는 울기까지 하는 친구들도 있었잖아. 그런데 날마다 주사를 맞아야 하니 얼마나 힘들겠니.

과학자들은 당뇨병을 더 잘 치료하고, 특히 망가진 베타세포 공장을 고치거나 인슐린 열쇠를 더 쉽게 만들 방법을 찾고 싶어 했어. 그런데 사람의 췌장에 있는 베타세포 공장을 연구하는 것은 아주 어려웠어. 몸속 깊숙한 곳에 있는 데다가 살아 있는 사람에게서 직접 꺼내 보기도 힘들고 말이야.

바로 그때 과학자들의 눈에 다시 한번 제브라피시가 들어온 거야. 신기하게 제브라피시에게도 사람처럼 췌장이라는 곳이 있고, 그 안에 인슐린 열쇠를 만드는 베타세포 공장이 있대! 게다가 아기 제브라피시는 몸이 투명하잖아.

이제 과학자들은 몸 안에 작은 유리창을 달아 놓은 것처럼 투명한 아기 제브라피시의 몸 안에서 췌장이 어떻게 만들어지는지, 그 안에 있는 베타세포 공장이 어떻게 생겨나고 인슐린 열쇠를 만드는지 눈으로 직접 관찰할 수 있게 되었단다.

게다가 과학자들은 더 놀라운 방법도 사용했어. 베타세포 공장에만 '빛 스위치'를 달아 주는 특별한 제브라피시를 만들었지. '광유전학'이라는 어려운 과학 기술인데, 쉽게 말하면 빛을 이용해서 특정 세포의 작동을 켜거나 끄는 기술이야.

과학자들은 빛 스위치가 달린 제브라피시에게 파란색 빛

제브라피시 췌장을 실험

과학자들은 투명한 제브라피시의 몸 안에서 췌장이 만들어지는 과정과 베타세포에서 어떻게 인슐린을 만드는지를 직접 관찰할 수 있게 되었지. 그리고 광유전학으로 인슐린을 만드는 실험에 성공하면서 당뇨병 극복에 희망을 주고 있단다.

을 쬐어주면, 베타세포 공장이 '딸깍'하고 켜지면서 인슐린 열쇠를 마구마구 만들어 내도록 한 거지! 그리고 빛을 끄면 다시 멈추고.

이게 왜 중요할까? 제1형 당뇨병 환자들은 인슐린 열쇠 공장(베타세포)이 망가져서 인슐린 열쇠가 부족하다고 했잖아. 만약 사람 몸속의 망가진 베타세포 공장을 고치거나, 아니면 빛 스위치를 달아서 빛으로 인슐린 열쇠를 만들게 할 수 있다면 어떨까? 매일매일 주사를 맞지 않아도 되겠지.

과학자들은 제브라피시에게서 빛으로 인슐린 열쇠를 만드는 실험을 성공하면서, "아! 빛을 이용해서 우리 몸 안에서 인슐린 열쇠를 만들수 있겠구나! 이런 새로운 방법으로 당뇨병을 치료할 수 있는 가능성이 있구나!" 하고 깨달았단다. 아기 제브라피시의 투명한 몸과 빛 스위치 실험 덕분에, 과학자들은 제1형 당뇨병을 치료하는 완전히 새로운 아이디어를 얻게 된 거야.

아직 사람에게 바로 적용할 수 있는 것은 아니지만, 이 아이디어가 더 발전하면 언젠가 당뇨병으로 힘든 많은 사람들을 도울 수 있을 거야.

제브라피시가 이렇게 당뇨병 연구에 도움을 주었다는 사실이 정말 대단하고 고맙지 않니? 투명한 몸속에서 베타세포 공장을 보여주고, 빛으로 인슐린을 만드는 실험까지 도와주면서 인류에게 새로운 치료법의 희망을 주었으니까 말이야.

원장님은 물고기병원 원장으로서 물고기들이 건강하게 살아가는 모습을 볼 때마다 행복해. 그리고 이 작은 생명체들이 사람들의 아픔을 덜어주는 데 이렇게 큰 역할을 한다는 것을 알게 될 때마다 정말 감동한단다.

당뇨병이라는 어려운 병과 싸우는 사람들을 위해 아기 제브라피시가 보여준 빛과 같은 희망이 정말 놀랍지 않니?

다음 이야기에서는 제브라피시가 어떻게 암이라는 무서운 병의 비밀을 알려주는지 이야기해 줄게. 이것도 정말 중요한 이야기란다.

암세포가 어떻게 자라는지 제브라피시가 보여줘요

얘들아, 물고기병원 원장님이 제브라피시가 알려 준 또 하나의 아주 중요하고도 무서운 병에 대한 비밀을 이야기해 줄게. 바로 '암'이라는 병에 대한 이야기란다.

암이라는 말, 들어본 적 있니? 어쩌면 주변에서 암 때문에 힘들어하는 사람의 이야기를 들었을 수도 있어. TV 뉴스에서 암으로 죽어간 스타의 소식을 접했을 수도 있고 말이야.

우리 몸은 아주 많은 작은 세포들로 이루어져 있어. 이 세포들은 정해진 규칙에 따라 자라고, 나누어지고, 죽는 과정을 반복하지. 그래야 우리 몸이 건강하게 유지될 수 있어. 마치 도시의 건물들이 정해진 설계도대로 지어지고, 오래되면 허물고 새 건물을 짓는 것처럼 말이야.

그런데 가끔 우리 몸속 세포들의 규칙이 깨질 때가 있어. 어떤 세포들이 '나 이제 규칙 안 지킬 거야! 내 마음대로 자라고 늘어날 거야!' 하고 멋대로 행동하기 시작하는 거지. 이렇게 멋대로 자라고 늘어난 세포들이 뭉쳐서 큰 덩어리를 만드는데, 이것을 '종양'이라고 불러. 그리고 이 종양 중 나쁜 것들을 '암'이라고 하는 거야.

암은 우리 몸을 매우 힘들게 하고 위험하게 만드는 무서운 병이야. 암세포들은 원래 있어야 할 곳을 벗어나 몸의 다른 곳으로 돌아다니며 문제를 일으키기도 해.

과학자들은 이 암세포들이 왜 멋대로 자라고, 어떻게 다른 곳으로 돌아다니는지, 그리고 어떻게 하면 이 암세포들을 물리칠 수 있는지 알고 싶어 했어. 암을 이기면 많은 사람들을 살릴 수 있으니까.

하지만 사람 몸 안에서 암세포가 자라는 과정을 눈으로 직접 보기는 너무 어려웠지. 몸 안에 숨어 있으니까.

바로 그때 과학자들의 눈에 다시 한번 제브라피시가 들어온 거야! 제브라피시는 아기 때 몸이 투명하다고 했잖아? 그리고 사람과 비슷한 유전자를 가지고 있고, 사람의 병과 관련된 유전자도 많다고 했지? 과학자들은 제브라피시의 이런 특별한 점을 이용하면 암세포가 자라는 과정을 눈으로 직접 보면서 연구할 수 있다는 것을 알게 되었어!

어떻게 했을까? 과학자들은 암세포에 반짝이는 형광 물질을 넣어서 마치 작은 불빛처럼 보이게 만들었어. 그리고 이 반짝이는 암세포들을 투명한 아기 제브라피시의 몸 안에 아주 조심스럽게 넣어 주었지.

그러자 정말 놀라운 일이 일어났어! 투명한 제브라피시의 몸 안에서 반짝이는 암세포들이 자라나고 움직이는 모습이 그대로 보인 거야! 암세포가 처음에는 작게 뭉쳐 있다가 점점 커지고, 피가 흐르는 혈관을 따라 몸의 다른 곳으로 이동하는 모습까지 실시간으로 눈으로 볼 수 있었단다. 마치 암세포들이 몸 안에서 벌이는 작은 전쟁을 눈앞에서 보는 것처럼 말이야.

이것은 암 연구에 정말 엄청난 발전이었어. 이전에는 상상도 할 수 없었던 일이었거든. 사람의 몸 안에서는 절대 볼 수 없었던 암세포의 움직임을 아기 제브라피시의 투명한 몸 덕분에 생생하게 관찰할 수 있게 된 거지.

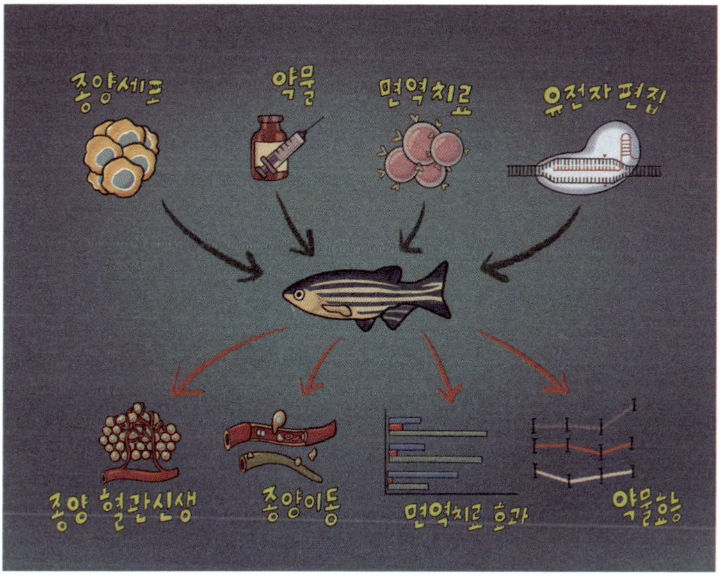

제브라피시의 종양 실험

과학자들은 사람에게서 떼어낸 암세포를 투명한 제브라피시에게 넣어 주고 암세포가 어떻게 자라는지를 관찰하면서 새로운 암 치료제가 효과가 있는지, 그 암에 가장 잘 듣는 약이 무엇인지를 찾는 맞춤 치료에 큰 희망을 갖고 있단다.

과학자들은 제브라피시에게서 암세포가 자라는 모습을 보면서 암이 왜 무서운지, 암세포들이 어떻게 영리하게 움직이는지 더 잘 이해하게 되었어. 그리고 제브라피시를 이용해서 새로운 암 치료제가 효과가 있는지 시험해 보기 시작했지.

암세포가 있는 제브라피시에게 새로운 약을 조금씩 넣어 주면서 반짝이는 암세포들이 줄어드는지, 더 이상 자라지 못하고 죽는지를 관찰하는 거야.

사람에게 바로 시험하기는 어렵고, 다른 동물에게서도 암세포의 움직임을 실시간으로 보기는 어려운데, 아기 제브라피시는 투명한 몸으로 이 모든 과정을 보여주면서 새로운 암 치료제를 찾는 데 큰 도움을 주는 거야.

특히 사람에게서 떼어낸 암세포를 제브라피시에게 넣어 주고 그 암세포가 어떻게 자라는지를 관찰하면, 그 암에 가장 잘 듣는 약이 무엇인지 찾는 데도 도움을 받을 수 있겠지. 이처럼 환자 한 사람 한 사람에게 가장 맞는 치료법을 찾는 '맞춤 치료'에도 큰 희망을 준단다.

앞에서 원장님이 사람에게 피부암을 일으키는 'BRAF' 유전자 이야기를 있었지? 과학자들은 이 유전자에 문제가 생긴 제브라피시를 만들어서 사람처럼 암이 생기는 것을 확인했고,

이 암을 치료하는 약(베무라페닙이라는 약이래)이 효과가 있다는 것을 제브라피시에서 먼저 확인했다고 해.

이 약은 지금 실제로 사람의 피부암을 치료하는 데 사용되고 있단다. 제브라피시 덕분에 무서운 암을 치료하는 새로운 약이 세상에 나올 수 있었던 거야.

봐봐, 아기 제브라피시의 투명한 몸에서 과학자들은 암세포가 어떻게 자라고 움직이는지 눈으로 직접 보고, 새로운 암 치료제가 효과가 있는지 빠르게 시험해 볼 수 있었어. 제브라피시의 도움 덕분에 암과 싸울 새로운 무기를 찾을 가능성이 열린 거지. 제브라피시가 자신의 작은 몸으로 무서운 암 연구에 큰 도움을 주었다는 사실이 정말 대단하고 고맙지 않니? 투명한 아기 제브라피시에게 다시 한번 감사하는 마음을 가져야겠지.

원장님은 아픈 물고기들을 치료해 주면서, 사람에게 암처럼 무서운 병이 생긴다는 이야기를 들을 때마다 마음이 아파. 그런데 제브라피시가 이런 무서운 병의 비밀을 밝히는 데 이렇게 큰 도움을 준다는 것을 알게 될 때마다 희망을 본단다.

제브라피시가 보여준 암세포의 움직임, 그리고 그 움직임

속에서 찾은 새로운 치료법 이야기를 들으니 정말 놀랍지 않니! 과학자들은 계속 연구해서 언젠가 암을 완전히 이길 방법을 찾아낼 거라고 믿어.

물고기 덕분에 새로운 치료제가 나왔어요

- 수천 개의 약, 어떻게 효과 있는지 빠르게 알아내요?
- 희귀병 치료제? 물고기에서 실마리를 찾았어요
- 아이들 뇌전증 치료, 물고기 덕분에 놀라운 발견을 했어요
- 제브라피시를 보면서 근육병을 이길 약을 찾고 있어요
- 오래된 약이 새로운 병을 고친다고요?

수천 개의 약,
어떻게 효과 있는지 빠르게 알아내요?

얘들아, 물고기병원 원장님이 들려주는 신기한 물고기 이야기 시간이야.

오늘은 아픈 사람들을 위한 새로운 약이 어떻게 세상에 나오는지 이야기해 줄 건데, 여기에 물고기들이 정말 큰 도움을 준단다. 이건 마치 넓은 바다에서 숨겨진 보물을 찾아내는 것만큼이나 어렵고 흥미진진한 일이거든.

과학자들은 여러 가지 화학 물질들을 가지고 새로운 약을 만들어 낸단다. 마치 요리사가 맛있는 요리를 만들기 위해 새로운 재료들을 섞어 보거나 새로운 조리법을 시도하는 것처럼 말이야.

하지만 세상에는 아직 치료법이 없는 병들도 많고, 지금 있는 약보다 더 좋은 약을 만들고 싶어 하는 과학자들이 아주 많아. 이들이 연구해서 만들어 내는 새로운 약은 하나하나가 아픈 사람들을 위한 희망이 될 수 있겠지.

그런데 문제가 하나 있단다. 이렇게 만들어지는 새로운 약이 세상에 너무너무 많다는 거야. 수천 가지, 아니 수만 가지가 될 때도 있지. 마치 세상에 무수히 많은 열쇠가 있는데, 아픈 병이라는 이름의 자물쇠를 열 수 있는 열쇠는 딱 하나만 숨어 있는 것과 같아.

이 수만 개의 열쇠를 아픈 사람에게 바로 사용해 볼 수는 없어. 약이 혹시라도 몸을 더 아프게 하거나 위험하게 만들 수도 있으니까. 그래서 사람에게 사용하기 전에 먼저 이 약들이 안전하고 병을 고치는 데 얼마나 효과가 있는지 꼼꼼하게 시험해 봐야 해.

수만 가지 약 후보들을 하나하나 다 시험해 본다고 생각해 봐. 얼마나 오랜 시간이 걸릴까? 마치 넓은 운동장에 떨어진 바늘 하나를 찾는 것처럼 어렵고 힘든 일이겠지. 무엇보다 사람에게 직접 시험할 수 없으니, 다른 동물들에게 시험해야 하는데,

그것 역시 시간이 오래 걸리고 돈도 많이 든단다.

과학자들은 이 문제를 해결할 방법을 찾고 싶었어. 어떻게 하면 아픈 사람에게 필요한 보물 같은 약을 빠르고 안전하게 찾을 수 있을까?

바로 그때 과학자들의 눈에 제브라피시가 보였지. 이 작은 물고기가 바로 그 해답을 찾는데 아주 중요한 역할을 해줄 수 있다는 것을 알게 된 거야.

원장님이 앞에서도 이야기했지만 제브라피시는 특별한 장점들을 가지고 있잖아? 알을 한 번에 아주 많이 낳고 그것들이 빨리 자라고, 아기 제브라피시는 몸이 투명해서 몸 안이 다 보인다는 것, 그리고 사람과 비슷한 유전자 설명서를 가지고 있어서 사람의 병과 비슷한 상태를 만들 수 있다는 것이야.

제브라피시의 이런 특별한 능력들이 수많은 약 후보들 중에서 진짜 효과 있는 약을 빠르게 찾아내는 데 큰 도움이 되었단다.

과학자들은 제브라피시의 이 능력 덕분에 '고속 약물 스크리닝'이라는 특별한 방법을 만들었어. 고속 약물 스크리닝? 어려운 말 같지만 원장님이 쉽게 설명해 줄게. 마치 수만 개의 열쇠를 하나씩 넣어 보는 대신 특별한 기계를 이용해서 수천 개의 열쇠를 동시에 자물쇠 구멍에 대보고 맞는 열쇠를 찾아내는 것처럼, 약 후보들을 '정말 빠르게 대량으로 시험해 보는 방법'이라고 생각하면 돼.

어떻게 하냐면 말이야, 과학자들은 아주 작은 칸들이 촘촘하게 많이 있는 납작한 판을 준비해. 마치 냉장고에서 작은 얼음 조각을 만드는 틀처럼 생겼는데, 칸 하나하나가 아주 작아. 이 작은 칸에 아기 제브라피시들을 한 마리씩 조심스럽게 넣는단다. 이들은 병 연구를 위해 사람과 비슷한 암세포가 자라나는 제브라피시나, 심장이 아픈 제브라피시들이야.

그러고 난 다음에 과학자들은 수많은 새로운 약 후보들을 준비해서 각 칸에 있는 제브라피시들에게 아주 조금씩 넣어 주는 거야. 첫 번째 칸에는 첫 번째 약 후보, 두 번째 칸에는 두 번째 약 후보… 이렇게 수천 개의 칸에 수천 개의 새로운 약 후보를 넣어 주고는 그 약이 제브라피시에게 어떤 영향을 주는지 살펴본단다.

이때 과학자들은 특별한 카메라와 컴퓨터를 이용해서 수천 개의 칸에 있는 제브라피시들을 쉴 새 없이 관찰하고 기록한단다. 약을 넣은 다음 물고기들이 어떻게 변하는지, 병의 상태가 좋아지는지 나빠지는지를 빠르게 확인하는 거야. 컴퓨터가

'이 칸에 있는 물고기는 약을 먹고 병이 낫는 것 같아', '저 칸에 있는 물고기는 약 때문에 힘들어하는 것 같아. 이 약은 위험할 수 있겠는데' 하고 알려주지.

왜 제브라피시가 이렇게 많은 약을 빠르게 시험하는 데 딱 맞을까? 앞에서 이야기했던 장점들 덕분이지. 알을 아주 많이 낳고 그것들이 빨리 자라니까 수천 마리의 아기 물고기를 금방 얻어서 많은 약을 동시에 시험할 수 있고, 몸집이 작으니 비싼 약 후보를 적은 양으로도 시험할 수 있어 돈도 아낄 수 있지. 무엇보다 아기 때는 몸이 투명해서 약이 몸 안에서 어떻게 작용하는지 눈으로 직접 볼 수 있으니, 어떤 약이 효과가 있고 어떤 약이 위험한지 더 정확하고 빠르게 판단할 수 있는 거야. 그리고 사람과 비슷한 유전자인 데다 병에 걸리는 과정도 비슷하니까, 제브라피시에서 효과가 좋은 약은 사람에게도 효과가 있을 가능성이 높다고 생각해 볼 수 있단다.

이 '고속 약물 스크리닝' 방법 덕분에 과학자들은 상상도 할 수 없을 만큼 빠른 속도로 수많은 약 후보들을 시험해 볼 수 있게 되었단다. 수년 걸리던 일이 몇 달 만에, 몇 달 걸리던 일이 며칠 만에 가능해진 거지. 이 빠르고 효율적인 방법 덕분에

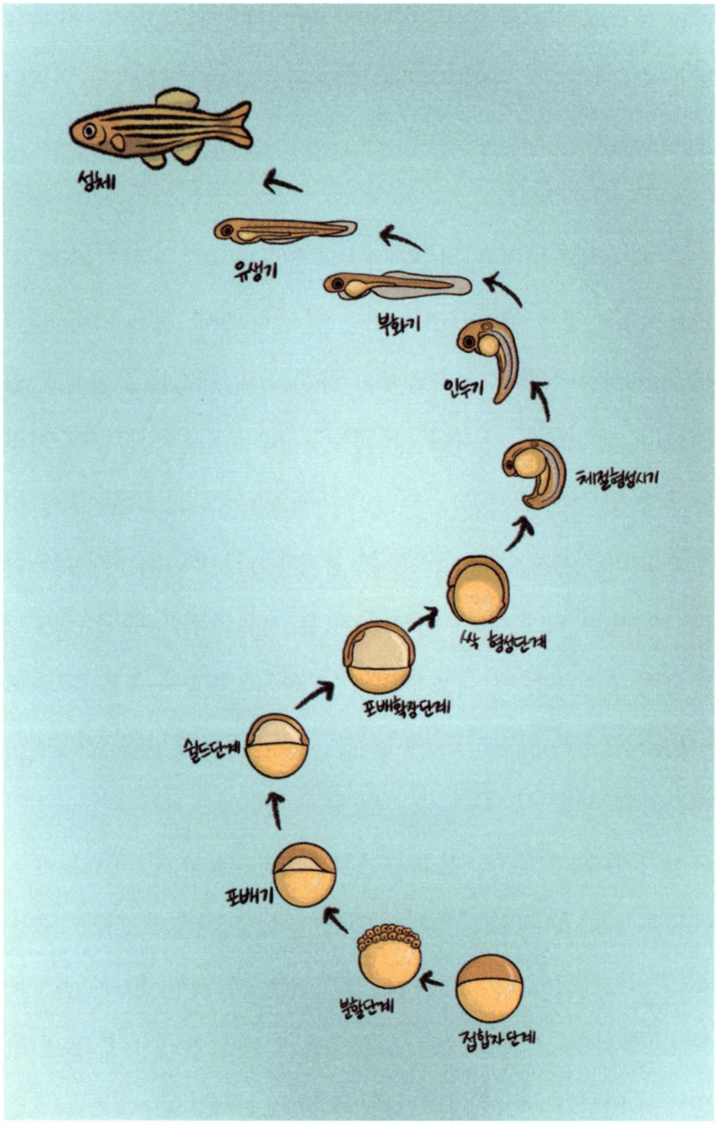

제브라피시의 성장 과정

우리는 아픈 사람들에게 필요한 새로운 약들을 더 많이, 더 빨리 만날 수 있게 되었단다.

원장님이 감기약 성분인 '클레미졸'이라는 약이 아기 뇌전증에 효과가 있을 수 있다는 것을 우연히 찾았다고 이야기한 적이 있지? 바로 이 고속 약물 스크리닝 방법으로 수천 가지 약을 빠르게 시험해 보다가 발견한 거란다. 제브라피시들이 수많은 약들 속에서 숨어 있던 보물 같은 약을 찾아낸 거야.

제브라피시가 가진 특별한 능력과 그 능력을 이용한 고속 약물 스크리닝 방법 덕분에, 과학자들은 새로운 치료법을 개발하는 데 있어 큰 도움을 받았단다.

물고기들이 자신의 예쁜 몸으로 사람들을 이렇게나 크게 도왔다는 사실이 정말 대단하고 고맙지 않니? 제브라피시의 희생과 도움 덕분에 과학자들이 병과 싸울 새로운 무기들을 더 많이 얻고, 아픈 사람들에게 더 빨리 도움을 줄 수 있게 된 거지.

원장님은 물고기병원에서 아픈 물고기들을 치료할 때마다, 그리고 제브라피시가 이렇게 중요한 연구를 돕는다는 이야기를 들을 때마다 이 작은 생명들이 가진 위대한 힘과 가치에 대해 생각한단다.

제브라피시들이 수많은 약들 속에서 병 치료에 꼭 맞는 보물을 찾아내는 데 도움을 준다는 이야기가 놀랍지 않니? 정말 대단하고 고마운 물고기들이야.

다음 이야기에서는 또 어떤 신기한 약이 물고기들의 도움으로 개발되고 있는지를 기대해도 좋아!

희귀병 치료제?
물고기에서 실마리를 찾았어요

얘들아, 물고기병원 원장님이 제브라피시 덕분에 알게 된 또 하나의 신기한 약 이야기를 해줄게. 이번에는 '희귀병'이라는 아주 특별하고 어려운 병에 대한 이야기란다.

희귀병? 희귀하다는 것은 아주 드물다는 뜻이야. 그러니까 희귀병은 매우 적은 수의 사람들만 걸리는 병을 말해. 친구들 100명 중에 한 명이나 두 명? 아니, 어쩌면 1,000명 중에 한 명, 10,000명 중에 한 명이 걸리는 병일 수도 있어. 그래서 희귀병은 이름을 들어 본 적 없는 병들이 많단다.

그런데 왜 희귀병 치료약이 중요할까? 걸리는 사람이 아주 적은데?

맞아, 걸리는 사람은 적어. 하지만 그 병에 걸린 사람들에게는 아주 큰 고통을 주는 경우가 많아. 그리고 그 병을 고칠 수 있는 약이나 치료법이 아직 없는 병들이 많단다.

왜냐하면 걸리는 사람이 워낙 적다 보니, 과학자들이 이 병을 연구하고 치료법을 찾기가 무척이나 어렵거든. 연구할 수 있는 환자도 적고, 병에 대해 알려진 자료도 많지 않고, 연구하는데 돈도 많이 들고 시간도 오래 걸리고…

과학자들은 이런 희귀병으로 고생하는 사람들을 돕고 싶었어. 하지만 어떻게 해야 할까? 어디서부터 시작해야 할까? 희귀병의 비밀을 풀 치료법을 찾는 실마리가 필요했지. 바로 그때 과학자들은 제브라피시가 희귀병 연구에도 아주 큰 도움을 줄 수 있다는 것을 알게 된 거야.

희귀병 중에는 우리 몸의 유전자 설명서 한 부분에 아주 작은 문제가 생겨서 일어나는 병들이 많단다. 유전자 설명서의 글자 하나가 잘못 적혀 있거나, 글자가 빠져 있거나 하는 것처럼 말이야.

원장님이 지난번에 제브라피시도 우리처럼 유전자 설명서

를 가지고 있고, 우리 몸을 아프게 하는 병과 관련된 유전자가 있다는 이야기를 했지? 과학자들은 사람에게 희귀병을 일으키는 유전자가 무엇인지 알아내고, 그 유전자와 똑같은 유전자가 제브라피시의 유전자 설명서에도 있는지 찾아봤어. 그런데 놀랍게도 많은 희귀병과 관련된 유전자가 제브라피시에게도 있다는 것을 발견한 거야!

이것은 정말 큰 발견이었어. 이제 과학자들은 사람에게 희귀병을 일으키는 유전자에 문제가 생긴 것과 똑같이, 제브라피시의 유전자 설명서도 살짝 고쳐서 똑같은 문제가 생기도록 만들 수 있게 된 거지. 그러면 제브라피시도 사람처럼 그 희귀병과 비슷한 증상을 보이게 된단다.

예를 들면, '듀시엔 근이영양증'이라는 희귀병이 있어. 이 병에 걸리면 근육이 점점 약해져서 걷거나 움직이기 힘든 무서운 병이란다. 이 병은 '디스트로핀'이라는 근육에 꼭 필요한 단백질을 만드는 유전자에 문제가 생겨서 일어난다고 해.

과학자들은 이 유전자에 문제가 생긴 제브라피시를 만들었는데, 이들도 근육이 약해져서 헤엄치는 것이 힘들고 몸이 휘어지는 등 근육병에 걸린 환자와 비슷한 증상을 보였단다. 제브라피시들은 사람에게 희귀병을 일으키는 바로 그 유전자 문제 때문에 똑같이 아프다는 것을 보여주었어.

이것이 왜 중요할까? 환자 수가 적어서 연구하기 어려운 희귀병을, 이제 과학자들은 제브라피시를 보면서 연구할 수 있게 된 거야. 제브라피시는 알을 많이 낳고 그것들이 빨리 자라니까, 희귀병을 가진 물고기들을 많이 만들어서 병을 더 잘 이해하고, 이 병을 고칠 약이 있는지 빠르게 시험해 볼 수 있게 되었단다.

투명한 아기 제브라피시의 몸 안에서 희귀병이 어떻게 시작되고 진행되는지를 눈으로 직접 관찰할 수도 있고, 앞에서 이야기했던 '고속 약물 스크리닝' 방법으로 수많은 약 후보들 중에서 희귀병 치료 효과가 있는 약을 빠르게 찾아낼 수도 있지. 마치 희귀병이라는 복잡한 퍼즐의 흩어진 조각들을 제브라피시가 보여주는 그림을 보면서 하나씩 맞춰나가는 것처럼 말이야.

실제로 제브라피시 뇌전증 모델 연구를 통해 '클레미졸'이라는 약이 아기 뇌전증 치료에 도움이 될 수 있다는 실마리를 찾았다고 이야기했잖아. 그리고 제브라피시 근육병 모델을 이용해서 근육병 치료에 효과가 있을 것 같은 약 후보들을 여러 개 찾아내서 지금 더 연구하고 있대.

봐봐, 제브라피시가 사람에게 희귀병을 일으키는 유전자 문제 때문에 똑같이 아파준 덕분에, 과학자들은 환자 수가 적어서 연구하기 힘들었던 희귀병의 비밀을 풀고 치료법의 실마리를 찾을 수 있게 되었어.

제브라피시가 자신의 작은 몸으로 이렇게 어려운 희귀병 연구에 큰 도움을 주었다는 사실이 정말 대단하고 고맙지 않니? 제브라피시의 희생과 도움 덕분에 희귀병으로 고생하는 사람들이 새로운 희망을 얻을 수 있게 되었단다.

원장님은 아픈 물고기들을 치료할 때마다, 그리고 아픈 사람들을 위한 약을 만드는 과학자들의 노력을 볼 때마다 생명의 소중함을 느껴. 특히 걸리는 사람이 적어서 더 외롭고 힘든 희귀병 환자들에게 제브라피시가 희망의 빛을 비춰준다는 것을 알게 되어 정말 감동했단다. 제브라피시가 찾아준 실마리 덕분에 모든 희귀병을 치료할 수 있는 날이 머지않아 올 거라고 믿어.

다음 이야기에서는 제브라피시가 어떻게 근육병 치료약을 찾고 있는지 자세히 알려줄게.

아이들 뇌전증 치료, 물고기 덕분에 놀라운 발견을 했어요

얘들아, 물고기병원 원장님이 오늘 들려줄 이야기는 정말 마음이 아프면서도 동시에 큰 희망을 주는 이야기란다. 바로 아기들의 병을 고칠 약을 찾기 위해 밤낮없이 애쓰는 과학자들의 연구 이야기인데, 아기 제브라피시가 정말이지 마법 같고 우연한 발견을 할 수 있도록 큰 도움을 주었단다. 잘 들어 봐.

우리 몸에서 생각하고, 느끼고, 움직이고, 말하고, 기억하는 이 모든 것을 조절하는 곳이 어디일까? 바로 우리 머릿속에 있는 '뇌'라는 곳이야. 뇌는 우리 몸의 대장님 같은 곳이지.

우리 뇌는 아주 복잡하고 중요한 일을 하는데, 그 모든 활동은 아주 작은 '전기 신호'들로 이루어진단다. 뇌세포들이 서로에게 전기 신호를 보내면서 이야기를 주고받고, 그 신호에 따라 우리 몸이 움직이는 거야. 마치 복잡한 도시의 전선처럼 말이지.

그런데 가끔 우리 뇌에서 전기 신호가 갑자기 이상하게 마구마구 터져 나올 때가 있어. 뇌가 조절 능력을 잃고 멋대로 전기 신호를 보내는 거지. 마치 하늘에서 갑자기 번개가 치는 것처럼 말이야.

그러면 뇌가 갑자기 혼란스러워져서 우리 몸이 내 마음대로 조절되지 않고 이상하게 움직이거나, 갑자기 멈추거나, 몸이 뻣뻣해지고, 심지어는 의식을 잃고 쓰러지기도 해. 이런 일이 갑자기 일어나는 것을 '발작'이라고 한단다. 그리고 발작이 반복해서 일어나는 병을 '뇌전증'이라고 해.

뇌전증은 누구에게나 생길 수 있지만, 특히 아기들에게 생기는 뇌전증 중에는 치료가 어렵고 증상이 아주 심각한 병들이 있어. 그 가운데 하나가 '드라베 증후군'이라는 어려운 이름의 뇌전증이란다.

이 병에 걸린 아기들은 생후 1년 안에 아주 심한 발작을 자주 일으켜서 많이 힘들어해. 열이 나거나 갑자기 온도가 변해도 발작을 일으킬 수 있고, 심한 경우에는 하루에도 수십 번씩 발작하기도 한대.

이 병은 아직 완벽하게 치료할 수 있는 약도 많지 않고, 아기들이 자라면서 말과 행동에도 어려움을 겪는 경우가 많아서 가족들의 마음을 정말 아프게 하는 무서운 병이야.

과학자들은 이 드라베 증후군처럼 치료하기 어려운 아기 뇌전증을 꼭 고치고 싶었어. 아픈 아기들이 발작 없이 건강하게 자랄 수 있도록 돕는 것이 가장 큰 소원이었지. 하지만 이 어려운 병을 어떻게 연구하고 치료법을 찾아야 할지, 병의 비밀을 풀고 약을 찾을 방법이 필요했어.

과학자들이 이 드라베 증후군이 왜 생기는지 열심히 연구하다가 아주 중요한 비밀을 하나 알아냈어. 이 병에 걸린 아기들의 몸 유전자 설명서를 보니, 'SCN1A'라는 유전자에 문제가 생겼다는 것을 발견한 거야.

앞에서 원장님이 뇌가 전기 신호로 이야기한다고 했지? 이 SCN1A 유전자는 뇌세포가 전기 신호를 제대로 만들고 보내는 데 꼭 필요한 중요한 것인데, 이 유전자에 문제가 생기면 뇌에서 이상한 전기 신호가 마구 터져 나와서 발작을 일으키는 거지. 마치 전화선이 중간에 고장 나서 이상한 소리가 나거나 통화가 안 되는 것처럼 말이야.

그런데 말이야, 원장님이 지난번에 물고기도 우리처럼 유전자 설명서를 가지고 있고, 우리 몸을 아프게 하는 병과 관련된 유전자도 물고기에게 있다는 이야기를 해줬지? 과학자들이 이 SCN1A 유전자를 제브라피시의 유전자 설명서에서도 발견한 거야. 사람의 SCN1A 유전자와 아주 비슷하게 생긴 유전자가 제브라피시에게도 있었던 거지.

이 사실을 알게 된 과학자들은 "만약 제브라피시의 SCN1A 유전자에서도 아기 뇌전증과 비슷한 발작이 일어나지 않을까? 그러면 제브라피시를 보면서 이 어려운 뇌전증을 연구하고, 발작을 멈추게 할 약을 찾을 수 있지 않을까?" 하고 생각하게 됐지.

과학자들은 아주 조심스럽게 제브라피시의 SCN1A 유전자 설명서를 살짝 고쳐서 사람처럼 문제가 생기도록 만든 다음에, 그 제브라피시들을 자세히 관찰했단다. 아기 제브라피시들은 몸이 투명하니까 뇌에서 어떤 일이 일어나는지, 몸이 어떻게 움직이는지 눈으로 직접 보면서 연구할 수 있었어.

놀랍게도 유전자에 문제가 생긴 제브라피시들은 정말 아기 뇌전증 환자들처럼 이상한 움직임을 보였어. 갑자기 몸이 굳어지거나, 떨거나, 뒤집어지는 등 발작과 아주 비슷한 모습을

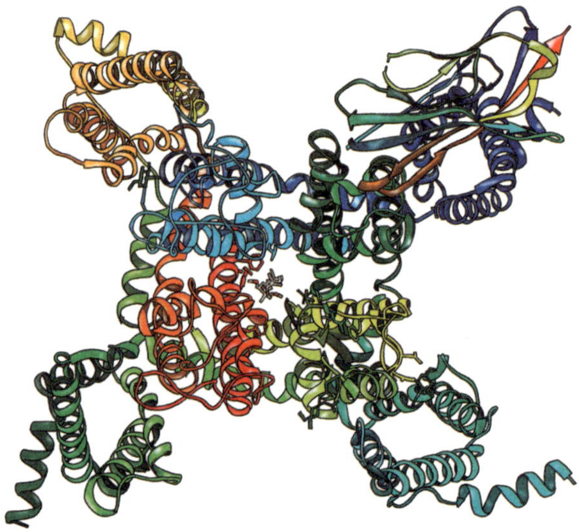

제브라피시의 SCN1A 유전자

과학자들이 드라베 증후군에 걸린 아기들의 유전자 설명서를 보니 SCN1A 유전자에 문제가 생겼다는 것을 발견한 거야. 그래서 제브라피시의 SCN1A 유전자를 살짝 고쳐서 사람처럼 문제가 생기도록 만들어 연구에 큰 도움을 받고 있단다.

보이는 거야.

이것은 과학자들에게 정말 큰 의미를 주었어. 이제 SCN1A 유전자 문제로 생기는 뇌전증을 제브라피시를 보면서 연구할 수 있는 살아 있는 모델이 생긴 거지. 병의 원인을 더 잘 이해하고, 병을 고칠 방법을 찾는 데 큰 도움을 받을 수 있게 된 거야.

이제 병을 연구하고 약을 시험할 물고기 모델이 생겼으니 다음 단계는 뭘까? 바로 이 병을 고칠 수 있는 새로운 약을 찾는 거야. 아픈 아기들을 위한 안전하고 효과적인 약을 찾아야 하잖아.

그런데 세상에는 수많은 종류의 약들이 있어. 어떤 약이 아기 뇌전증에 효과가 있을지 일일이 다 시험해 보는 것은 정말 어렵고 시간이 오래 걸리는 일이지. 잠긴 문 앞에서 수만 가지 열쇠 중에서 맞는 열쇠를 찾는 것처럼 말이야.

하지만 원장님이 물고기는 알을 많이 낳고 그것들이 금방 금방 자란다고 몇 번이나 이야기했을 거야. 그리고 몸이 투명해서 약을 넣고 몸 안의 변화를 빠르게 관찰할 수 있다고도 말했지. 제브라피시의 놀라운 장점들이 여기서 또 한 번 나타난단다.

과학자들은 SCN1A 유전자 문제로 발작을 일으키는 아기 제브라피시를 수천 마리나 준비했어. 그리고 '고속 약물 스크리닝'이라는 방법을 사용했지. 아주 작은 칸들이 많이 있는 판에 아기 제브라피시들을 넣고, 수많은 약 후보들을 아주 조금씩 물고기들이 사는 물에 풀어준 거야.

그러고는 컴퓨터와 카메라를 이용해서 수천 마리의 아기 제브라피시가 어떻게 변하는지 빠르게 관찰하고 기록했어. 약을 먹은 뒤 발작 횟수가 줄어드는지, 이상한 움직임을 멈추는지, 건강하게 헤엄치는지 등을 살펴본 거지. 마치 수천 개의 약을 동시에 시험대에 올려놓고 '너희들 중에 누가 뇌전증 자물쇠를 열 수 있나 보자' 하고 빠르게 확인하는 것과 같아. 아기 제브라피시는 몸이 투명하니까 약이 몸 안에서 어떻게 작용하는지 눈으로 직접 보면서 결과를 더 정확하게 알 수 있었단다.

이 과정에서 정말 '우연한 발견'이 일어났어! 과학자들이 시험한 수천 가지 약들 중에서 특정한 약이 아기 제브라피시의 심한 발작을 아주 효과적으로 멈추게 하는 것을 발견한 거야!

그런데 놀랍게도 그 약은 원래 뇌전증 치료를 위해 만들어진 약이 아니었대. 약의 이름은 '클레미졸'이었는데, 이 약은 원래 감기에 걸렸을 때 콧물을 멈추게 하거나, 알레르기 때문에 몸이 가려울 때 사용하는 '항히스타민제' 종류의 약이었단다.

뇌전증 치료와는 전혀 상관없어 보이는 약이 아기 제브라피시 뇌전증 모델의 심한 발작을 멈추게 하다니! 과학자들은 이 발견에 깜짝 놀랐지만, 동시에 아기들의 어려운 뇌전증을 치료할 수 있는 큰 희망을 보았어. "아! 어쩌면 클레미졸이라는 약이 드라베 증후군 같은 뇌전증으로 힘들어하는 아기들에게도 도움이 될 수 있겠다!" 하고 말이야. 정말 제브라피시 덕분에 발견한 보물 같은 약 후보였지.

이 우연하고도 놀라운 발견 덕분에, 과학자들은 이제 드라베 증후군을 앓는 아기 환자들에게 클레미졸이라는 약이 정말 안전하고 발작을 줄이는 데 효과가 있는지 자세히 연구하고 있단다. 사람에게 직접 사용해도 괜찮은지, 어떤 효과가 있는지 등을 확인하려는 거지.

수천 개의 약을 빠르게 시험할 수 있게 해준 제브라피시 덕분에 아기들의 뇌전증 치료에 새로운 길이 열린 거야. 아기 제브라피시가 없었다면 상상도 못 했을 발견이었지.

봐봐, 제브라피시가 사람과 비슷한 유전자를 가지고 있다는 사실, 그 유전자에 문제가 생겼을 때 우리처럼 아프다는 것을 보여준 것, 그리고 많은 알을 낳고 빨리 자라서 수천 개의 약을 빠르게 시험할 수 있게 해준 것. 이 모든 능력 덕분에 아기들의 어려운 뇌전증 치료에 클레미졸이 효과가 있다는 우연한 발견을 할 수 있었단다. 정말 놀랍고 고마운 물고기들이지 않니? 제브라피시가 자신의 몸으로 사람들을, 특히 아기들을 이렇게나 크게 도왔다는 사실이 정말 대단하고 고마워!

다음 이야기에서는 제브라피시가 어떻게 근육병 치료 약을 찾고 있는지 자세히 알려줄게.

제브라피시를 보면서 근육병을 이길 약을 찾고 있어요

얘들아, 원장님이 오늘은 우리 몸의 아주 중요한 부분인 근육에 대한 이야기와 함께, 근육이 아픈 친구들을 돕는 물고기 이야기를 해줄게.

우리 몸은 튼튼한 근육들 덕분에 움직일 수 있단다. 팔다리를 움직여 뛰고, 걷고, 점프하고. 손으로 물건을 잡고, 입으로 음식을 꼭꼭 씹어 삼키고, 가슴으로 숨을 쉬는 것까지. 이 모든 게 근육이라는 고마운 친구들 덕분이야.

근육은 우리 뼈에 붙어서 마치 힘센 고무줄처럼 늘어났다 줄어들었다 하면서 뼈를 움직여 우리 몸이 원하는 대로 움직이게 해준단다. 그런데 가끔 이 근육이 아픈 병에 걸리는 사람들이 있어. 병 때문에 근육이 점점 약해지고 힘을 잃는 거지. 이것을 '근육병'이라고 불러.

'듀시엔 근이영양증'이라는 어려운 이름의 근육병도 그중 하나인데, 이 병은 안타깝게도 주로 어린 남자아이들에게 생겨. 처음에는 잘 걷고 뛰다가도, 시간이 지날수록 근육이 점점 약해져서 나중에는 혼자 힘으로 움직이기 어려워지고, 숨 쉬는 것도 힘들어질 수 있는 무서운 병이란다.

근육병 때문에 마음껏 뛰어놀지 못하고 힘들어하는 아이들을 둔 가족들을 보면 원장님도 마음이 많이 아프단다. 안타깝게도 아직 이 병을 완전히 고칠 수 있는 약이 없어. 그래도 원장님은 머지않아 근육병을 치료하는 좋은 약이 나오리라고 믿어. 지금도 과학자들은 아픈 아이들이 다시 힘차게 움직일 수 있도록 돕고 싶은 간절한 마음으로 병을 이길 치료약을 찾기 위해 열심히 연구하고 있단다.

과학자들이 근육병의 원인을 찾다가 아주 중요한 비밀을 알아냈어. 우리 몸에는 근육을 튼튼하게 만드는 데 꼭 필요한 '디스트로핀'이라는 이름의 단백질이 있다고 해. 이 단백질은 우리 몸 유전자 설명서에 적힌 대로 만들어지는데, 근육병에 걸린 사람들은 이 디스트로핀을 만드는 유전자 설명서에 문제가 생긴 거야. 마치 집을 튼튼하게 짓는 설계도 한 부분이 잘못되거나 빠져 있으면 집이 부실해지는 것처럼, 디스트로핀 유전자 설명서가 잘못되면 근육이 튼튼하게 만들어지지 못하고 점점 약해지는 거지.

근육병의 원인이 유전자 문제라는 것을 알았지만, 여전히 어려운 숙제가 남아 있었어. 사람 몸에서 근육이 약해지는 과정을 자세히 보면서 실험하기는 너무 어려웠지. 어떻게 하면 이 병을 가진 사람들을 돕고, 근육을 다시 튼튼하게 만들 약을 찾을 수 있을까?

바로 그때, 과학자들은 제브라피시를 바라보았어. 그리고 깨달았지. "아! 제브라피시가 우리를 도울 수 있겠구나" 하고 말이야. 사람의 근육을 튼튼하게 만드는 디스트로핀 유전자와 비슷하게 생긴 유전자가 제브라피시의 유전자 설명서에도 있다는 것을 과학자들은 이미 알고 있었거든. 유전자 설명서에 이상이 있어 아이들이 근육병을 앓는 것처럼, 제브라피시의 디스트로핀 유전자 설명서를 살짝 고쳐서 사람 근육병과 똑같이 문제가 생기도록 만들 수 있었단다.

과학자들은 이렇게 디스트로핀 유전자에 문제가 생긴 제브라피시를 만들었어. 그리고 이 물고기들을 '삽제Sapje'라는 귀여운 별명으로 불렀지. 삽제 제브라피시들을 자세히 관찰했더니, 놀랍게도 사람 근육병 환자들처럼 근육이 약해지는 모습을 보였단다.

건강한 제브라피시들은 물속에서 힘차게 꼬리를 흔들며 헤엄치는데, 삽제 제브라피시들은 헤엄치는 것이 힘들어 보이고 몸이 자꾸 휘어졌어. 마치 힘이 빠져서 몸을 제대로 가누지 못하는 것처럼 말이야.

이것은 과학자들에게 아주 중요한 의미를 주었어. 사람에게 디스트로핀 유전자에 문제가 생겨서 근육병이 생긴 것처럼, 제브라피시도 똑같은 유전자 문제 때문에 근육이 약해진다는 것을 눈으로 확인한 거야.

근육병을 앓는 사람 수가 적어서 치료약을 연구하기가 힘들었는데, 이제 삽제 제브라피시들을 보면서 더 잘 이해하고 연구할 수 있게 되었지. 삽제 제브라피시들은 근육병의 비밀을 보여주는 살아 있는 모델이 되어 준 거야.

이제 근육병을 연구할 물고기 모델이 생겼으니 다음 단계는 당연히 이 병을 고칠 약을 찾는 것이겠지? 아픈 아이들의 근육을 다시 튼튼하게 만들 수 있는 보물 같은 약을 찾아야 하잖아.

그런데 원장님이 지난번에 이야기했듯이, 세상에는 새로운 약 후보들이 수천 가지나 있어. 어떤 약이 근육병에 효과가 있을지 일일이 다 시험해 보는 것은 정말 어렵고, 시간이 오래 걸리는 일이야.

하지만 제브라피시에게는 약을 빠르게 시험할 수 있는 특별한 능력이 있다고 했잖아? 알을 아주 많이 낳고 그것들이 빨리 자라니까 수많은 삽제 제브라피시들을 금방 얻을 수 있었단다. 그리고 아기 제브라피시는 몸이 투명하니까 약이 몸 안의 근육에 어떤 영향을 주는지 눈으로 직접 볼 수도 있고.

과학자들은 이 능력을 이용해서 '고속 약물 스크리닝'이라는 방법을 사용했어. 아주 작은 칸들이 많이 있는 판에 근육이 약해진 삽제 제브라피시들을 한 마리씩 넣고, 수많은 약 후보들을 칸마다 조금씩 넣어 주었지.

그러고는 특별한 카메라와 컴퓨터를 이용해서 수천 마리의 제브라피시가 약을 먹은 뒤 어떻게 변하는지를 관찰했단다. 물고기들이 헤엄치는 것이 힘차졌는지, 몸이 덜 휘어지는지, 근육 세포들이 건강해지는지 등을 살펴본 거지. 마치 수천 개의 약 후보들이 근육병을 앓는 친구를 도와주는지 안 도와주는지 동시에 시험해 보는 것과 같아. 몸이 투명하니까 약이 근육에 어떤 좋은 영향을 주는지 눈으로 보면서 확인할 수도 있었단다.

이 과정에서 과학자들은 근육병을 이길 것 같은 몇 가지 약 후보들을 찾아냈어. 수천 가지 약들 속에서 근육병 치료에 효과가 있을 것 같은 보물들을 발견한 거지. 이 약들은 아직 연구 단계에 있지만, 삽제 제브라피시 시험이 아주 중요한 실마리가 된 거야.

과학자들은 삽제 제브라피시에게서 효과가 좋았던 약 후보들을 가지고 이제 사람에게도 안전하고 효과가 있는지 열심히 연구하고 있단다. 제브라피시가 없었다면 이렇게 빨리 근육병을 이길 약을 찾을 실마리를 얻기는 어려웠을 거야.

봐봐, 제브라피시가 사람처럼 디스트로핀 유전자를 가지고 있고, 그 유전자에 문제가 생겼을 때 사람처럼 근육이 약해진다는 것을 보여준 것, 그리고 알을 많이 낳고 빨리 자라서 수천 개의 약을 빠르게 시험할 수 있게 해준 것, 이 모든 능력 덕분에 과학자들은 근육병을 이길 수 있는 새로운 약을 찾을 실마리를 얻을 수 있게 되었단다.

제브라피시가 자신의 몸으로 근육병으로 힘들어하는 아이들을 이렇게나 크게 도왔다는 사실이 정말 대단하고 고맙지 않니? 원장님은 이 작은 생명들에게 항상 고마운 마음이란다.

원장님은 아이들이 근육병처럼 어려운 병으로 힘들어한다는 이야기를 들을 때 마음이 무척 아프단다. 하지만 작고 예쁜 생명체인 물고기들이, 근육병으로 고생하는 아이들의 아픔을 덜어주는 데 큰 역할을 한다는 것을 알게 될 때마다 정말 감동한단다. 삽제 제브라피시가 찾아준 약 후보들 덕분에 언젠가 근육병도 이길 수 있는 날이 올 거라고 믿어. 과학자들은 포기하지 않고 계속 연구할 거야.

다음 이야기는 물고기의 도움으로 알게 된 신기한 약 이야기란다. 원래 있던 약이 새로운 병을 고친다고? 그게 정말일까?

오래된 약이 새로운 병을 고친다고요?

얘들아, 원장님이 오늘은 물고기의 도움으로 알게 된 정말 흥미로운 비밀 하나를 알려줄게. 이건 마치 보물찾기에서 예상치 못한 곳에서 보물을 발견하는 것과 같은 이야기란다. 제목처럼 '오래된 약'이 병을 고치는 데 사용될 수 있다는 이야기인데, 이번 연구에도 제브라피시가 큰 도움을 주었단다.

세상에는 아픈 사람들을 위한 약이 아주 많아. 머리가 아플 때 먹는 약, 배가 아플 때 먹는 약, 열이 날 때 먹는 약처럼 말이야. 이 약들은 과학자들이 오랫동안 연구해서 특정한 병을 치료하기 위해 만든 것들이지. 병원에서 오랫동안 사용되어왔고, 사람들에게 안전하고 효과가 있다는 것이 확인된 약들이야. 원장님이 물고기병원에서 물고기들이 아플 때 사용하는 약들도 물고기 병을 고치기 위해 만들어진 약들이란다.

그런데 과학자들이 연구하다가 아주 신기한 사실을 발견했어. 어떤 약은 원래 만들어졌을 때 생각했던 병 말고, 다른 종류의 병을 치료하는 데도 효과가 있다는 것을 알게 된 거야! 이것을 과학자들은 '약물 재창출'이라고 불러. 이미 있는 약을 치료 효과가 확인된 것과 다른 병을 치료하는 데 '다시 사용하는 것'이라는 뜻이지.

왜 '약물 재창출'이 중요할까? 새로운 약을 처음부터 만들려면 아주 오랜 시간이 걸리고 돈도 많이 든다고 앞에서 원장님이 이야기했잖아. 수만 가지 약 후보들 중에서 효과 있는 약을 찾고, 그것이 우리 몸에 안전한지 확인하는 과정이 정말 복잡하고 어렵거든.

그런데 어떤 병에 이미 안전하고 치료 효과가 확인된 '오래된 약'이 다른 병도 고칠 수 있다면 어떨까? 처음부터 새 약을 만드는 것보다 훨씬 빠르고 안전하게 아픈 사람들에게 도움을 줄 수 있겠지.

원장님이 예를 들어 설명해 줄게. 원래는 심장병 때문에 고혈압이라는 병을 치료하기 위해 만든 약이 있었대. 그런데 이 약을 먹은 사람들 중에 머리카락이 자라나는 신기한 일이 벌어진 것을 발견한 거야!

과학자들이 깜짝 놀라서 연구해 보니, 이 약이 머리카락이 잘 자라게 하는 효과도 있다는 것을 알게 되었지. 그래서 지금은 이 약을 '탈모 치료제'로도 사용하고 있대. 원래 심장병 약이었는데, 머리숱이 적어서 고민인 사람들을 돕는 약이 된 거래. 신기하지 않니?

또 다른 예는 '아스피린'이라는 약이야. 아스피린은 아주 오래전부터 사람들이 머리가 아프거나 열이 날 때, 몸이 아플 때 먹던 약이란다. 그런데 과학자들이 더 연구해 보니, 아스피린이 피가 뭉치는 것을 막는 효과도 있다는 것을 알게 되었어. 그래서 지금은 심장병이나 뇌졸중처럼 피가 뭉쳐서 생기는 병을 예방하는 데도 사용하고 있대. 원래는 아픈 것을 멈추는 약이었는데, 생명을 구하는 중요한 약으로도 사용되는 거야.

왜 '약물 재창출'이 그렇게 중요할까? 앞에서도 이야기했지만, 새로운 약을 처음부터 만드는 것은 아주 오랜 시간이 걸리고 돈도 아주 많이 든다고 했잖아. 수만 가지 약 후보들 중에서 겨우 하나를 찾아내어 그것이 안전한지를 확인하는 데 10년 이상 걸리고, 어마어마한 돈이 들어간단다. 마치 새로운 보물을 찾아내기 위해 온 세상을 헤매고 다니는 것처럼 힘든 일이지.

하지만 이미 안전하고 효과가 확인된 '오래된 약'이 새로운 병도 고칠 수 있다는 것을 발견하면 어떨까? 이미 보물 창고에 있는 보물을 다시 찾아낸 것이니까, 처음부터 새 보물을 찾는 것보다 훨씬 빠르고 안전하게 아픈 사람들에게 도움을 줄 수 있겠지. 새로운 약을 만드는 데 드는 시간과 돈을 엄청나게 아낄 수 있는 데다가, 아픈 사람들이 더 빨리 치료를 받을 수 있게 되는 거야.

제브라피시가 이 '약물 재창출' 연구에도 큰 도움을 줄 수 있다는 것을 과학자들이 알게 된 거야. 앞에서 원장님이 제브라피시는 우리처럼 유전자 설명서를 가지고 있고, 우리를 아프게 하는 병과 관련된 유전자도 많아, 제브라피시에게 사람의 다양한 병과 비슷한 상태를 만들 수 있다고 했잖아. 그리고 알을 아주 많이 낳고 그것들이 빨리 자라서 금방 아기 제브라피시를 많이 얻을 수 있고, 또 그것들은 몸이 투명해서 약이 몸 안에서 어떻게 작용하는지 눈으로 직접 볼 수도 있지.

제브라피시의 이런 특별한 장점들이 '오래된 약'들 중에서 병을 고칠 약을 찾아내는 데 아주 큰 도움이 되었단다. 과학자들은 이미 병원에서 사용되고 있는 수천 종류의 '오래된 약'들을 가지고 '고속 약물 스크리닝' 방법을 사용해 연구하고 있단다.

앞에서 이야기했던 것처럼, 아주 작은 칸들이 많이 있는 판에 사람의 특정 병과 비슷하게 아프게 만든 제브라피시들을 한 마리씩 넣어줘. 그러고는 병원에서 이미 사용하고 있는 수천 종류의 약들을 각 칸에 있는 제브라피시들에게 조금씩 넣어 주는 거야. 감기약, 배탈약, 머리 아플 때 먹는 약 등등 여러 종류의 약들이 있겠지.

그런 다음 이제 약을 먹은 제브라피시가 어떻게 변하는지 빠르게 관찰해. 근육병에 걸린 제브라피시가 약을 먹고 헤엄치는 것이 힘차졌는지, 피 만드는 공장이 아팠던 제브라피시의 피가 건강해지는지 등을 보는 거지.

이렇게 연구 관찰하다 보면 놀랍게도 어떤 약은 원래 쓰려고 했던 병이 아닌데도 제브라피시의 새로운 병을 낫게 하는 것을 발견할 때가 있단다. 원장님이 아기 뇌전증 이야기에서 감기약 성분인 '클레미졸'이라는 약이 뇌전증 발작을 멈추게 하는 것을 우연히 찾았다고 이야기해줬지. 그것도 사실은 '약물 재창출'의 한 예란다. 원래 감기나 알레르기 때문에 쓰던 오래된 약이 제브라피시 실험을 통해 아기 뇌전증 치료에 도움이 될 가능성이 있다는 것을 알게 된 것이란다.

또 다른 아주 중요한 예가 있어. 원장님이 피 만드는 공장 이야기에서 '프로스타글란딘 E_2PGE2'라는 물질이 조혈모세포 수를 늘린다는 것을 제브라피시 실험을 통해 알게 되었다고 했지.

사실 '프로스타글란딘 E_2PGE2' 물질은 병원에서 다른 이유로 이미 사용되고 있던 물질이었대. 그런데 제브라피시 덕분에 이 물질이 피 만드는 공장이 아픈 사람들을 돕는 데도 큰 효과가 있다는 것을 새롭게 알게 된 것이란다. 이 발견이 지금은 제대혈 이식 같은 치료에 사용되면서 많은 사람들에게 도움을 주고 있단다.

봐봐, 제브라피시는 사람의 다양한 병과 비슷한 상태를 보여주고, 수천 개의 오래된 약들 중에서 어떤 약이 새로운 병을 고칠 수 있을지 빠르게 시험하는 것을 도와주었어. 제브라피시가 자신의 몸으로 수많은 약들을 대신 시험해 준 덕분에, 과학자들은 이미 우리 주변에 있었지만 몰랐던 '보물 같은 약'들을 새로운 병 치료제로 발견할 수 있게 된 거야.

제브라피시의 도움 덕분에 우리는 새로운 병과 싸울 빠르고 안전한 무기를 더 많이 찾을 수 있게 된 거지. 오래된 약이 새로운 병을 고친다고? 믿기 어려운 이야기 같지만, 제브라피시 덕분에 실제로 일어나고 있는 일이란다.

정말 대단하고 고마운 물고기들이야.

물고기가 여는 미래 의학

- 유전자를 자유자재로 다루다
- 터콰이즈 킬리피시로 노화를 연구한다

유전자를 자유자재로 다루다

얘들아, 원장님이 오늘은 마법 같은 과학 이야기, 즉 미래 의학 이야기 하나를 해줄게. 이건 마치 우리가 생명의 비밀을 담은 책의 글자를 마음대로 바꾸는 것만큼이나 놀라운 이야기란다. 바로 '유전자를 자유자재로 다루는 것'에 대한 이야기야.

원장님이 앞에서 물고기도 사람처럼 유전자라는 것을 가지고 있다고 이야기했었지. 유전자는 우리 몸을 어떻게 만들고 움직일지에 대한 아주 작은 설계도나 설명서 같다고 말이야. 키가 얼마나 클지, 눈동자 색깔은 어떤지, 머리카락은 곱슬일지 생머리일지. 물고기는 물속에서 어떻게 헤엄치고 아가미로 숨을 쉬는지. 이 모든 정보가 유전자라는 설명서에 담겨 있단다.

유전자는 정말 우리 생명의 중요한 비밀 약속이지. 그런데 원장님이 우리 몸을 아프게 하는 병 중에는 이 유전자 설명서에 문제가 생겨서 일어나는 병들이 많다고도 이야기했었잖아. 유전자 설명서의 글자 하나가 잘못 적혀 있거나, 중요한 글자가 빠져 있거나 하는 것처럼 말이야. 마치 책에 틀린 글자가 있거나 중요한 문장이 통째로 빠져 있으면 책의 내용이 이상해지는 것처럼, 유전자 설명서에 문제가 생기면 우리 몸이 아프게 되는 거야.

그래서 과학자들은 생각했어. "만약 우리가 이 유전자 설명서의 잘못된 부분을 고치거나, 필요한 부분을 새로 넣어줄 수 있다면 어떨까? 그러면 유전자 문제 때문에 생기는 병을 치료할 수 있지 않을까?" 하고 말이야.

이것은 예전에는 상상도 할 수 없었던 꿈같은 이야기였어. 우리 몸속 아주 작고 복잡한 유전자 설명서를 마음대로 바꾸는 것은 불가능해 보였거든.

하지만 과학은 하루가 다르게 계속 발전했고, 마침내 과학자들은 유전자 설명서를 마음대로 고칠 수 있는 놀라운 도구들을 만들어냈단다. 마치 아주 정교한 작은 가위와 풀, 그리고 연필 같은 도구들이 생긴 거야.

아마도 '유전자 가위'라는 말을 들어본 적 있을 거야. 그런 도구들 중에서 가장 유명한 것이 '크리스퍼-캐스나인CRISPR-Cas9'이라는 도구야. 이름이 낯설어 어렵게 생각되지만, 쉽게 말하면 이것은 유전자 설명서에서 우리가 원하는 부분을 정확하게 찾아가서 자를 수 있는 아주 똑똑한 '가위'라고 생각하면 돼.

크리스퍼-캐스나인 덕분에 과학자들은 유전자 설명서의 잘못된 부분을 자르고, 그 자리에 건강한 정보를 가진 새로운 부분을 붙여넣거나, 아니면 잘못된 부분의 글자를 살짝 고칠 수 있게 된 거지. 마치 컴퓨터로 글자를 지우고 다시 쓰거나, 그림을 오려 붙이는 것처럼 말이야. 유전자 설명서를 '편집'할 수 있게 된 거야.

이 유전자 편집 도구의 등장은 과학자들을 흥분시켰어. 이제 유전자 문제 때문에 생기는 많은 병을 고칠 수 있는 새로운 길이 열린 거라고 생각했지. 하지만 문제가 있었단다. 사람에게 이 유전자 편집 도구를 바로 사용해 보는 것은 아주 위험하고 어려운 일이야. 사람의 유전자 설명서는 너무 크고 복잡해서 실수할 수도 있고, 잘못 편집하면 예상치 못한 문제가 생길 수도 있거든.

바로 그때, 과학자들은 제브라피시와 또 다른 물고기인 메다카에게서 희망을 보았어. "아! 이 유전자 편집 도구를 물고기들에게 먼저 사용해보면 어떨까?" 하고 말이야.

신기하게도, 크리스퍼-캐스나인 같은 유전자 편집 도구들이 제브라피시나 메다카 같은 물고기에게서 아주 잘 작동한다는 것을 과학자들은 알게 되었어. 물고기의 유전자 설명서에 있는 특정 유전자를 자르거나, 새로운 유전자를 정확한 위치에 넣는 것이 가능해진 거지.

유전자 편집 실험에 왜 물고기들이 좋을까?

첫째, 원장님이 이야기했던 것처럼 물고기는 알을 아주 많이 낳고 그것들이 빨리 성장해. 그래서 유전자 편집 실험을 할 수 있는 아기 물고기를 짧은 시간에 아주 많이 얻을 수 있어. 사람이나 다른 동물을 대상으로 이렇게 많은 실험을 하기는 어렵잖아.

둘째, 물고기의 알은 수정된 후 몸 밖에서 자라. 과학자들은 물고기 알에 유전자 편집 도구를 쉽게 넣을 수 있어. 사람이나 다른 동물의 배아에 유전자 편집을 하는 것보다 훨씬 안전하게 실험할 수 있지.

셋째, 아기 제브라피시는 투명하잖아. 그래서 유전자 편집을 통해 특정 세포나 장기에 어떤 변화가 일어나는지 몸 안을 눈으로 직접 보면서 확인할 수 있어. 예를 들어, 특정 유전자를 고쳤더니 심장 세포가 어떻게 바뀌는지, 암세포가 어떻게 변하는지 등을 볼 수 있지.

이러한 장점들 덕분에 과학자들은 유전자 편집 도구를 이용한 연구를 제브라피시나 메다카 같은 물고기에게서 아주 활발하게 할 수 있게 되었어.

그렇다면 이것이 사람의 병 치료에 어떻게 도움이 될까?

첫째, 유전자 문제로 생기는 사람의 병을 더 잘 이해하게 되었어. 사람에게 희귀병을 일으키는 유전자를 물고기에게 똑같이 만들어서 유전자 문제가 병을 어떻게 일으키는지를 물고기들을 보면서 자세히 연구할 수 있게 된 거지.

둘째, 유전자 문제로 생기는 병을 고칠 수 있는 새로운 방법을 찾고 있어. 망가진 유전자를 고치거나, 필요한 유전자를 새로 넣는 '유전자 치료법'을 개발하는데 물고기들이 큰 도움을 주고 있지. 유전자 치료가 사람에게 사용되기 전에, 물고기에게 먼저 시험해 보면서 안전하고 효과적인 방법을 찾는 거야.

셋째, 새로운 병 연구 모델을 만들고 있어. 특정 유전자를 고치거나 새로운 유전자를 넣어서 사람의 다양한 병과 비슷한 상태를 가진 물고기를 만드는 거지. 그러면 그 병을 더 잘 연구하고, 그 병을 고칠 약을 더 빠르게 찾을 수 있게 된단다.

유전자 편집 도구를 이용한 과학 연구에 제브라피시나 메다카 같은 물고기들이 큰 도움이 되었단다. 그들의 도움으로 우리는 생명의 가장 깊은 비밀 중 하나인 유전자를 자유자재로 다루는 방법을 배우게 되었어. 물고기들이 유전자 편집 실험을 도와준 덕분에, 유전자 문제 때문에 아픈 사람들을 고칠 수 있는 '유전자 치료'라는 미래 의학이 한 걸음 더 우리에게 다가온 거지.

유전자를 자유자재로 다루는 마법 같은 과학이 우리에게 새로운 희망을 주고 있단다.

터콰이즈 킬리피시로 노화를 연구한다

얘들아, 드디어 이 책의 마지막 이야기야.

원장님이 오늘은 우리 삶의 아주 자연스러운 과정인 '나이가 드는 것' 그러니까 '노화'에 대한 이야기와 함께, 아주 특별한 물고기가 여기에 어떤 도움을 주는지 이야기하려고 해.

사람은 모두 아기로 태어나서 어린이가 되고, 어른이 되고, 그리고 할머니 할아버지가 되어 얼굴에 주름도 생기고, 머리카락도 하얘지고, 몸의 힘도 예전 같지 않게 되지. 기억력도 조금씩 나빠지고, 병에도 더 잘 걸리게 돼. 이것이 바로 '노화'라는 거야. 시간이 지나면서 우리 몸이 조금씩 약해지고 변하는 자연스러운 과정이지.

그런데 과학자들은 이 노화에 아주 관심이 많아. 왜냐하면 노화는 단순히 겉모습만 변하는 것이 아니라, 우리 몸 안의 세포와 장기들이 약해지면서 여러 가지 병에 쉽게 걸리기 때문이야. 암, 심장병, 치매처럼 나이가 들면서 더 잘 걸리는 병들이 많잖아? 과학자들은 노화의 비밀을 풀면, 이런 병들을 치료하거나 예방하는 데 큰 도움을 받을 수 있을 거라고 생각했지.

하지만 사람의 노화를 연구하는 것은 아주 어려운 일이야. 왜냐하면 사람이 태어나서 늙기까지는 아주 오랜 시간이 걸리기 때문이지. 한 사람이 늙어가는 과정을 처음부터 끝까지 다 지켜보면서 연구하려면 과학자 한 명이 평생 연구해도 부족할 거야. 그래서 노화 연구는 아주 천천히 진행될 수밖에 없었어.

바로 그때, 과학자들은 아프리카에 사는 아주 특별한 물고기를 발견했는데, 그것은 바로 '터콰이즈 킬리피시'라는 물고기란다.

터콰이즈 킬리피시는 다른 물고기들과 달리 아주 독특한 특징을 가지고 있어. 바로 '엄청나게 빨리 늙는다'는 거야! 어떤 종류의 터콰이즈 킬리피시는 알에서 깨어나서 어른이 되고, 늙어서 죽기까지 걸리는 시간이 겨우 2~6개월밖에 안 된다고 해.

어떤 터콰이즈 킬리피시는 3개월 만에 사람으로 치면 할아버지가 될 만큼 늙어 버리기도 한대. 정말 신기하지 않니? 마치 시간을 빨리감기한 것처럼 순식간에 늙어 버리는 거야.

과학자들은 터콰이즈 킬리피시의 이런 특별한 능력에 깜짝 놀랐어. 하지만 곧바로 사람들의 노화 연구에 활용할 수 있겠다는 생각을 했단다. "아! 터콰이즈 킬리피시를 연구하면 사람의 노화 과정을 아주 짧은 시간 안에 볼 수 있겠구나! 노화의 비밀을 푸는 데 터콰이즈 킬리피시가 큰 도움을 줄 수 있겠구나!" 하고 생각했지.

그래서 과학자들은 터콰이즈 킬리피시를 연구실로 가지고 와서 노화 과정을 자세히 관찰하기 시작했어. 터콰이즈 킬리피시가 젊었을 때 몸 안의 세포들이 어떻게 움직이는지, 나이가 들면서 세포들이 어떻게 변하고 약해지는지, 몸의 기능들이 어떻게 떨어지는지 등을 짧은 시간 안에 지켜볼 수 있었지. 마치 노화 과정을 빨리 돌려보는 동영상처럼 말이야.

터콰이즈 킬리피시의 빠른 노화 과정은 사람의 노화 과정과 비슷한 부분이 많다는 것을 과학자들은 알게 되었어. 터콰이즈 킬리피시가 늙으면서 생기는 몸 안의 변화들이 사람의 노화 과정에서 나타나는 변화들과 닮은 점이 많았던 거지. 특히 사람

터콰이즈 킬리피시의 모습

사람의 노화를 연구하는 것은 아주 어려운 일이야. 왜냐하면 사람이 태어나서 늙기까지는 아주 오랜 시간이 걸리기 때문이지. 그런데 터콰이즈 킬리피시는 3개월 만에 할아버지가 될 만큼 순식간에 늙어 버린대. 노화 연구에 큰 도움을 주고 했단다.

의 뇌가 노화되면서 기억력이 나빠지거나 신경 세포들이 약해지는 과정이 터콰이즈 킬리피시에게도 비슷하게 나타났대.

이것은 노화 연구에 정말 엄청난 발전을 가져왔어. 사람의 노화를 연구하려면 수십 년이 걸리는데, 터콰이즈 킬리피시 덕분에 몇 달 만에 노화 과정을 다 보면서 연구할 수 있게 된 거야.

과학자들은 터콰이즈 킬리피시를 이용해서 사람의 노화를 늦추거나 노화 때문에 생기는 병을 치료할 수 있는 약을 찾기 시작했어. 노화가 빨리 진행되는 터콰이즈 킬리피시에게 여러 가지 약 후보들을 먹이면서 노화 속도가 느려지는지, 몸의 기능이 좋아지는지 등을 빠르게 시험해 보는 거지.

실제로 과학자들은 터콰이즈 킬리피시 실험을 통해 아주 중요한 발견을 했단다. 'NMN'이라는 물질이 노화된 터콰이즈 킬리피시의 뇌 기능을 좋게 만들고, 약해진 신경 세포들을 다시 튼튼하게 만드는 데 도움을 준다는 것을 알게 되었단다. 터콰이즈 킬리피시가 나이가 들면서 기억력이 나빠지고 신경 세포들이 약해졌는데, NMN을 먹였더니 다시 젊어졌다는 거야!

이것은 사람의 노화와 그것으로 인해 생기는 병, 특히 치매 같은 신경 퇴행성 질환 치료에 큰 희망을 주었단다. 과학자들은 터콰이즈 킬리피시에게 효과가 있었던 NMN 물질이 사람에게도 노화를 늦추거나 뇌 기능을 좋게 만드는 데 도움이 될지를 지금 열심히 연구하고 있어.

터콰이즈 킬리피시가 가진 '엄청나게 빨리 늙는 능력' 덕분에 과학자들은 사람의 노화 과정을 아주 짧은 시간 안에 연구하고, 노화 때문에 생기는 병을 치료할 수 있는 약을 찾을 실마리를 얻을 수 있었어. 노화와 관련된 병으로 힘들어하는 많은 사람들이 터콰이즈 킬리피시가 보여준 가능성 덕분에 이제 새로운 희망을 얻게 된 거지.

터콰이즈 킬리피시가 보여준 연구의 가능성처럼, 원장님은 과학자들이 계속 연구해서 모든 사람이 건강하게 백 세까지 살 수 있는 날을 만들 거라고 믿어.

이제 원장님의 신기한 물고기 이야기를 마치려 해. 다음에 다른 물고기 이야기로 또 만나자!

친구들, 안녕!

마치는 글

이 책을 읽어준 친구들, 정말 고마워요.

우리는 작은 물고기들이 우리가 생각하는 것보다 훨씬 더 대단한 능력을 가지고 있다는 것을 알게 되었지. 물고기도 우리처럼 유전자 설명서를 가지고 있고, 우리 몸을 아프게 하는 병과 관련된 유전자도 물고기에게 있다는 사실. 그래서 물고기를 통해 사람의 병을 연구할 수 있다는 것. 알을 많이 낳고 그것들이 빨리 자라서 많은 실험을 빠르게 할 수 있다는 것. 아기 제브라피시는 몸이 투명해서 몸 안에서 일어나는 모든 신비로운 일을 눈으로 직접 볼 수 있다는 것까지.

그리고 제브라피시가 피 만드는 공장 이야기, 심장이 다쳐도 다시 뛰는 기적, 당뇨병이나 암처럼 무서운 병의 비밀을 알려주고, 아기 뇌전증이나 근육병을 이길 약을 찾도록 도와준 신기한 이야기들도 들었지. 심지어는 터콰이즈 킬리피시가 아주 빠르게 늙는 특별한 능력으로 우리가 겪게 될 노화의 비밀을 푸는 데 도움을 준다는 것도 알게 되었어.

물고기병원 원장님이 매일 만나는 작은 물고기들이 사람의 병을 치료하는 약을 만들고, 병의 비밀을 밝히는 데 이렇게 큰 도움을 주고 있다는 사실이 정말 놀랍지 않니? 생각지도 못했던 작은 생명체가 인류의 건강을 위해 이렇게나 큰 역할을 하다니 말이야.

이 모든 놀라운 과학 발전과 병 치료의 희망은 물고기들의 도움 덕분이야. 물고기들이 기꺼이 자신들의 작은 몸으로 과학자들이 병을 연구하고 약을 찾도록 도와준 덕분에 우리는 생명의 신비를 더 깊이 이해하고, 아픈 사람들을 위한 새로운 치료법을 계속 만들어가고 있단다.

물고기들의 그 희생과 도움에 정말 깊이 감사하는 마음을 가져야 해. 물고기병원 원장으로서 물고기들에게 항상 고마운 마음이란다. 너희들도 물고기를 보면 '아, 이 작은 친구들이 사람의 병을 치료하는 데 큰 도움을 주고 있구나. 정말 고마운 친구들이구나' 하고 생각해 주면 좋겠어.

우리가 함께 나눈 이야기들은 과학자들이 아직 풀어야 할 비밀이 너무 많다는 것을 보여주기도 해. 아직 치료법이 없는 병들도 많고, 노화의 비밀도 완전히 풀리지 않았지. 하지만 우리는 희망을 가지고 있어. 바로 우리처럼 유전자를 가지고 있고, 투명하고, 빨리 자라고, 스스로를 고치기도 하는 물고기들 덕분에 과학자들은 계속해서 병의 비밀을 풀고 새로운 약을 만들어 낼 거라고 믿어.

물고기 덕분에 병을 치료하는 신기한 이야기. 이것은 현재 진행형이야. 물고기들과 과학자들의 노력 덕분에 미래에는 더 많은 병을 치료할 수 있을 거라고 믿는단다.

다음에 또 다른 물고기 이야기로 만날 수 있기를 기대하며, 안녕!

부록

신기한 물고기 이야기

① 입안에서 새끼를 키우는 엄마 물고기 말라위 시클리드

얘들아, 물속에는 아기를 뱃속이 아니라 입안에 품고 키우는 모성이 가득한 엄마 물고기들이 있단다. 바로 시클리드라는 친구들이야, 엄마 시클리드는 알을 낳자마자 자기 커다란 입속에 쏙 넣고 품어. 마치 아기 주머니처럼 안전하게. 아기 물고기들이 알을 깨고 나와도 엄마 시클리드 입속에서 꼬물꼬물 몇 주 동안 자란대. 혹시 무서운 다른 물고기들이 나타나면, 엄마는 얼른 새끼들을 다시 입안으로 숨겨서 꼭꼭 보호해 준대. 우리 엄마들처럼 아기를 지키는 정말 대단한 사랑을 보여주는 거야. 입안에서 아기들이 숨 막히지 않게 계속 물을 순환시켜 신선한 산소도 보내준다고 하니, 시클리드는 정말 최고의 엄마가 아닐까!

② 물속에도 얼룩말이? 임페리얼 제브라

물속에 얼룩말이 나타났다고 하면 믿겠니? 임페리얼 제브라 플레코라는 물고기는 이름처럼 검고 흰 줄무늬가 꼭 얼룩말 같아서 정말 멋져. 하지만 이 줄무늬는 그냥 예쁘라고 있는 게 아니야. 임페리얼 제브라 플레코는 주로 바위나 자갈이 많은 강바닥에 사는데, 이 줄무늬 덕분에 주변 환경과 섞여서 마치 없는 것처럼 숨을 수 있는 위장술을 발휘한단다. 그리고 서로를 알아보고 친구들과 함께 다닐 때 누가 누군지 헷갈리게 해서 무서운 다른 물고기들이 공격하기 어렵게 만들기도 해. 이렇게 특별한 무늬는 물고기들이 살아남는 데 아주 중요한 역할을 한다는 걸 알 수 있지. 자연이 준 멋진 선물인 셈이야!

③ 물고기는 왜 떼를 지어서 다닐까요? 협동하는 물고기 이야기

혹시 너희들은 물고기들이 모여서 커다란 덩어리처럼 움직이는 걸 본 적 있니? 이걸 바로 군영이라고 불러. 마치 여러 물고기가 한마음 한뜻으로 춤을 추는 것 같지? 사실 이건 단순한 춤이 아니라, 물고기들의 아주 영리한 협동 작전이란다. 만약 무서운 상어 같은 포식자가 나타나면, 물고기들은 서로에게 딱 붙어 다녀. 그러면 포식자는 한 마리 한 마리를 노리기 어렵고, 커다란 물고기 덩어리처럼 보여서 깜짝 놀라 도망가기도 한대. 혼자 있으면 잡아먹힐 확률이 훨씬 높으니까, 친구들과 함께 다니면 훨씬 안전하겠지? 또 재미있는 것은 여럿이 함께 헤엄치면 혼자 헤엄치는 것보다 힘이 덜 든대. 마치 자전거 선수들이 줄지어 달릴 때 뒤에 있는 선수가 바람의 저항을 덜 받아서 힘을 아끼는 것과 비슷하단다. 물고기들도 함께 이동하며 에너지를 아끼는 거야!

④ 자기 몸 색깔을 바꾸는 카멜레온 같은 물고기

얘들아, 카멜레온처럼 몸 색깔을 '뽕!' 하고 바꾸는 물고기들이 바닷속에는 정말 많아! 물고기병원 원장님이 제일 좋아하는 물고기 중에는 광어나 넙치, 가자미 같은 친구들이 있는데, 얘들은 몸을 모래바닥에 딱 붙이고 있다가 순식간에 몸 색깔을 모래색으로 바꿔 버린단다. 어떻게 이런 마술이 가능하냐고? 이 물고기들 피부에는 색소포라는 아주 특별한 세포들이 있어서 그래. 이 세포들이 늘어나고 줄어들면서 몸 색깔과 무늬를 주변 환경과 똑같이 바꿔 버리는 거지. 이렇게 몸 색깔을 바꾸는 가장 큰 이유는 바로 숨바꼭질을 잘하기 위해서야. 무서운 포식자들에게 들키지 않거나, 아니면 먹잇감에게 들키지 않고 슬쩍 다가가서 '냠냠!' 하기 위해서 완벽하게 자신을 숨기는 거지. 그리고 이 색깔 변화는 물고기들끼리 서로 이야기를 나누는 방법이기도 해. 짝

짓기 시기가 되면 예쁜 색깔로 변해서 친구에게 매력을 뽐내기도 하고, 화가 나거나 위험할 때는 경고하는 색깔로 변하기도 한단다. 정말 신기하지?

⑤ 독침 한 방으로 포식자를 공격하는 물고기

물고기 중에는 몸속에 무시무시한 독침을 숨기고 다니는 친구들도 있어! 얘들은 주로 자신을 지키기 위한 마지막 무기로 독을 사용한단다. 쏠배감펭이라는 물고기를 본 적 있니? 길고 화려한 지느러미를 가진 모습이 정말 예쁜데, 그 지느러미 가시마다 아주 강력한 독을 숨기고 있어. 만약 누가 함부로 건드리면 이 독침을 사용해서 자신을 지킨단다. 이 독은 아주 고통스럽고 심하면 정말 위험할 수도 있으니, 절대 맨손으로 만지면 안 돼! 또 스톤피시라는 물고기는 바위처럼 생겨서 아무도 눈치채지 못하게 숨어 있다가, 혹시 누가 모르고 밟기라도 하면 등지느러미 가시에서 독을 뿜어낸다고 해. 이 물고기는 지구에서 가장 강력한 독을 가진 물고기 중 하나라고 하니, 정말 조심해야겠지. 이렇게 독을 가진 물고기들은 자신을 보호하고 위험에서 벗어나기 위해 이런 특별한 방어 기술을 사용한단다. 정말 놀랍지 않니?

⑥ 조개를 깨뜨리는 지능왕 물고기

얘들아, 물고기가 조개를 깨뜨려서 먹는다면 믿겠니? 어떤 물고기는 우리처럼 도구를 사용해서 먹이를 얻기도 한단다. 마치 사람이 망치로 못을 박는 것

처럼 말이야. '오렌지 스포티드 고비'라는 친구가 바로 그런 똑똑한 물고기란다. 오렌지 스포티드 고비는 작은 조개를 찾으면 그냥 먹지 않아. 입에 조개를 물고는 바위나 돌에 여러 번 부딪쳐서 단단한 껍데기를 깨뜨린 뒤에야 맛있는 속살을 '냠냠!' 먹는대. 정말 대단하지 않니? 이건 물고기들이 얼마나 똑똑한지 보여주는 아주 중요한 증거야. 앵무고기처럼 튼튼한 이빨로 조개를 부수는 친구들도 있지만, 도구를 사용하는 건 정말 차원이 다른 이야기란다.

7 물고기의 진짜 기억력

너희들 혹시 "금붕어는 기억력이 3초밖에 안 돼!"라는 이야기 들어본 적 있니? 물고기병원 원장님도 어릴 때 그런 줄 알았어. 그런데 이건 완전 거짓말이야! 과학자들이 물고기들을 오랫동안 연구해 보니, 물고기들은 우리가 생각하는 것보다 훨씬 더 똑똑하고 기억력도 아주 좋다는 걸 알게 됐어. 물고기들은 특정 시간에 먹이가 나오는 곳을 기억하고, 복잡한 길을 헤매지 않고 찾아갈 수도 있대. 심지어 사람 얼굴을 알아보거나, "이리 와!" 하고 부르면 따라오도록 훈련시킬 수도 있단다. 어떤 물고기는 먹이를 얻으려고 버튼을 누르는 법을 배우고, 그걸 몇 달 동안이나 기억할 수 있다는 연구 결과도 나왔어. 또 친구 물고기들이랑 어떻게 지냈는지, 누가 힘이 센 대장인지도 기억하고, 무서운 적 물고기의 얼굴을 기억해서 피하기도 한대. 물고기의 뇌가 우리랑 조금 다르지만, 배우고 기억하는 아주 특별한 능력이 숨어 있다는 걸 꼭 기억해!

⑧ 500년을 장수하는 그린란드 상어 이야기

세상에, 물고기가 500년을 산다는 걸 상상해 본 적 있니? 이건 동화 속 이야기가 아니라 진짜란다. 지구에 사는 동물 중에 가장 오래 사는 척추동물은 바로 그린란드 상어라는 친구야. 과학자들이 연구해 보니, 그린란드 상어는 무려 500년도 넘게 살 수 있다고 밝혀졌어. 정말 대단하지 않니? 세종대왕님이 살았던 조선 시대부터 지금까지 살아왔을지도 모른다는 얘기잖아! 그린란드 상어는 아주 추운 북극 바다에 사는데, 거기선 모든 게 얼음처럼 차갑고 느리게 움직여. 그린란드 상어도 아주 느리게 자라고, 모든 몸의 활동이 느릿느릿 진행된대. 이렇게 느린 생활 방식 덕분에 아주 오랫동안 살 수 있는 거래. 과학자들이 그린란드 상어 눈에 있는 특별한 부분을 자세히 살펴보니 507살로 추정되는 상어도 발견됐다니, 정말 놀랍지 않니?

⑨ 몸값이 1억원을 넘는 물고기 플래티넘 아로와나

얘들아, 물고기 중에 1억원이 넘는 몸값을 가진 친구가 있다는 말을 믿겠니? 심지어는 3억원이 넘는 물고기도 있다는데, 플래티넘 아로와나라는 물고기가 바로 그 주인공이란다. 이 물고기는 정말 희귀하고, 온몸이 마치 반짝이는 백금처럼 은빛을 띠고 있어. 비늘 하나하나가 보석처럼 완벽하게 정돈되어 있어서 '살아있는 보석'이라고 불리기도 해. 이런 멋진 아로와나는 자연에서도 찾기 어렵고, 사람의 기술로 기르는 것도 아주 힘들대. 그래서 물고기를 정말 사랑하는 부자들이 서로 가지려고 해서 몸값이 엄청나게 높아진단다. 특히 아시아에서는 이 물고기가 돈을 많이 벌게 해주고, 행운을 가져다준다는 믿음도 있어서 더욱 인기가 많다고 해. 정말 대단한 물고기이지 않니?

⑩ 수천 킬로미터를 헤엄치는 집 찾기 달인 연어 이야기

얘들아, 물고기는 이리저리 떠다니기만 하고 자기가 태어난 곳을 모른다고 생각되지 않니? 땡! 틀렸어! 물고기병원 원장님이 알려줄게. 물고기는 집을 아주 기가 막히게 잘 찾는단다. 특히 연어는 '집 찾기 달인'이라고 불릴 만큼 엄청난 능력을 가지고 있단다. 연어는 강에서 태어나면 넓고 넓은 바다로 나가서 몇 년 동안 신나게 헤엄치며 살아. 그러다가 아기를 낳을 때가 되면, 거짓말처럼 자기가 태어났던 바로 그 강으로 다시 돌아오는 놀라운 여행을 시작한단다. 그 거리가 무려 수천 킬로미터나 된다니, 정말 엄청나지 않니? 과학자들은 연어가 고향을 찾는 비밀이 바로 코에 있다고 생각해. 연어는 자신이 태어났던 강물의 아주 미세한 냄새를 기억하고 그걸 따라간다는 거지. 게다가 지구의 보이지 않는 자기장을 이용해서 방향을 찾는 능력도 가지고 있다고 추정되는데, 정말 놀라운 방향 감각과 기억력 아닐까?

물고기가 인간의 병을 치료해요
물고기병원 원장님이 들려주는 생명과학 이야기

지은이 | 김영호, 안도희, 최상호

펴낸이 | 박영발

펴낸곳 | W미디어

등록 | 제2005-000030호

1쇄 발행 | 2026년 1월 31일

주소 | 서울 양천구 목동서로 77 현대월드타워 1905호

전화 | 02-6678-0708

E-mail | wmedia@naver.com

ISBN 979-11-89172-61-9 (73470)

값 13,000원